建筑施工特种作业人员安全技术培训教材

普通脚手架架子工

黑龙江省建设安全协会　主编

中国建材工业出版社
北　京

图书在版编目(CIP)数据

普通脚手架架子工/黑龙江省建设安全协会主编. --北京：中国建材工业出版社，2025.3
建筑施工特种作业人员安全技术培训教材
ISBN 978-7-5160-3949-6

Ⅰ.①普… Ⅱ.①黑… Ⅲ.①脚手架－工程施工－安全培训－教材 Ⅳ.①TU731.2

中国国家版本馆 CIP 数据核字（2023）第 236173 号

普通脚手架架子工
PUTONG JIAOSHOUJIA JIAZIGONG
黑龙江省建设安全协会　主编

出版发行：中国建材工业出版社
地　　址：北京市西城区白纸坊东街 2 号院 6 号楼
邮　　编：100054
经　　销：全国各地新华书店
印　　刷：北京雁林吉兆印刷有限公司
开　　本：850mm×1168mm　1/32
印　　张：6.25
字　　数：150 千字
版　　次：2025 年 3 月第 1 版
印　　次：2025 年 3 月第 1 次
定　　价：**32.00 元**

本社网址：www.jskjcbs.com，微信公众号：zgjskjcbs
请选用正版图书，采购、销售盗版图书属违法行为
版权专有，盗版必究。本社法律顾问：北京天驰君泰律师事务所，张杰律师
举报信箱：zhangjie@tiantailaw.com　举报电话：(010) 63567684
本书如有印装质量问题，由我社事业发展中心负责调换，联系电话：(010) 63567692

《建筑施工特种作业人员安全技术培训教材》编审委员会

主　　　任： 高起生
副 主 任： 李守志　于海洋
编委会成员：（按姓氏笔画排序）

丁延生	马洪艳	王　成	王　君
王劲松	申惠中	白　晶	宁　超
冯梓冽	乔红东	刘　波	孙艳红
李宏伟	吴国冻	邱　冬	张国飞
张佳奇	陈世明	赵　川	赵　蕊
高文龙	唐文林	唐家如	曹　博
梁永贵	滕莉莉	鞠浩杨	魏振宇

《普通脚手架架子工》编写组名单

主　　编： 唐文林　　高文龙

编写成员： 白震宇　　乔红东　　梁芳芳　　邱　冬
　　　　　　　张佳奇　　曹　博　　吕昭旭　　魏振宇
　　　　　　　刘　波　　王　赫　　张春良　　刘明强
　　　　　　　梁成楠　　柳　鹏　　丛　宇

序　　言

　　建筑施工特种作业危险性大，如操作不当或失误，易对操作者本人、他人及设备、设施造成重大危害，导致人身伤亡事故。加强建筑施工特种作业人员的专业培训教育，提高其技能水平，对于防止和减少生产安全事故、保障建筑施工安全生产具有重大意义。

　　本书编写人员主要依据《住房和城乡建设部关于〈建筑施工特种作业人员管理规定〉的通知》（建质〔2008〕75号）、《关于建筑施工特种作业人员考核工作的实施意见》（建办质〔2008〕41号），按照建筑施工特种作业人员分类和《建筑施工特种作业人员安全技术考核大纲》（试行），根据住房和城乡建设部公告2021年第214号《房屋建筑和市政基础设施工程危及生产安全施工工艺、设备和材料淘汰目录（第一批)》的规定，以及建筑施工特种设备实际使用情况，遵循符合实际、注重实效的原则，编写了10本系列教材。其中，《特种作业人员安全生产基本知识》是综合性教材，适用于所有的建筑施工特种作业人员；其余9本为专业性用书，分别适用于建筑电工、普通脚手架架子工、附着式升降脚手架架子工、建筑起重司索信号工、塔式起重机司机、塔式起重机安装拆卸工、施工升降机司机、施工升降机安装拆卸工、高处作业吊篮安装拆卸工。

　　本系列教材主要用于建筑施工特种作业人员的业务培训和指导考核，也可作为专业院校和有关培训机构的建筑施工安全教学用书。本书虽经反复推敲，仍难免有不妥之处，敬请广大读者提出宝贵意见。

本系列教材主编单位：

黑龙江省建设安全协会

本系列教材参编单位：

中建三局集团有限公司

中建铁路投资建设集团有限公司

中建铁投轨道交通建设有限公司

中建铁投科技工程有限公司

中建六局水利水电建设集团有限公司

中国建筑第八工程局有限公司

黑龙江省黑建一建筑工程有限责任公司

哈尔滨哈飞建筑安装工程有限责任公司

华润置地（哈尔滨）房地产开发有限公司

哈尔滨万科企业有限公司

深圳（哈尔滨）产业园投资开发有限公司

黑龙江中阳建设工程监理有限公司

编审委员会
2024 年 4 月

前　言

为提高建筑施工特种作业人员安全生产知识水平，增强安全生产意识和自我保护能力，确保取得建筑施工特种作业操作资格证书的人员具备独立从事相应特种作业工作能力，根据《特种作业人员安全技术培训教材编写方案》的要求，编写了《普通脚手架架子工》一书。

架子工作为施工特种作业人员中的一个重要成员，在工作中从事着对本人、他人及设备设施可能造成重大安全危害的操作。因此，结合其工作的特殊性，在编写本教材时，充分研究了建筑施工特种作业人员的岗位责任、文化水平、理解能力和接受能力，本着"深入浅出、图文并茂、指导实践"的原则，突出了专业性、针对性、时效性、实用性和知识性。本书分上篇、下篇，包括脚手架概述、扣件式钢管脚手架、碗扣式钢管脚手架、承插型盘扣式钢管脚手架、门式钢管脚手架、常用脚手架搭设和拆除方法、脚手架常见隐患及防范措施、事故案例分析，共八章内容。

由于编写时间仓促，编者水平有限，书中难免存在疏漏和不足，敬请读者予以指正。

编　者
2024 年 4 月

目　　录

上篇　专业技术理论

第一章　脚手架概述 ………………………………… 3
　　第一节　脚手架的作用与分类 …………………… 3
　　第二节　脚手架对材料的基本要求 ……………… 7
　　第三节　脚手架受力分析 ………………………… 11
　　第四节　专项施工方案及安全制度规程 ………… 14
　　第五节　建筑架子工常用工具及测量用具 ……… 18
　　第六节　安全网基础知识 ………………………… 23

第二章　扣件式钢管脚手架 ………………………… 29
　　第一节　扣件式钢管脚手架配件 ………………… 29
　　第二节　扣件式钢管脚手架构造 ………………… 35
　　第三节　悬挑脚手架 ……………………………… 58

第三章　碗扣式钢管脚手架 ………………………… 68
　　第一节　碗扣式钢管脚手架的主要特点 ………… 68
　　第二节　碗扣式钢管脚手架构配件要求 ………… 71
　　第三节　碗扣式钢管脚手架的构造要求 ………… 76

第四章　承插型盘扣式钢管脚手架 ………………… 87
　　第一节　脚手架材料 ……………………………… 88

第二节　承插型盘扣式脚手架构造 ············· 93

第五章　门式钢管脚手架 ························· 100

　　第一节　主要构配件 ························· 101
　　第二节　门式脚手架构造 ····················· 104

下篇　安全操作技能

第六章　常用脚手架搭设和拆除方法 ··············· 113

　　第一节　扣件式钢管脚手架 ··················· 113
　　第二节　碗口式钢管脚手架 ··················· 125
　　第三节　承插型盘扣式钢管脚手架 ············· 132
　　第四节　门式钢管脚手架安拆 ················· 141

第七章　脚手架常见隐患及防范措施 ··············· 150

　　第一节　脚手架工程危险分析 ················· 150
　　第二节　脚手架工程的事故原因分析 ··········· 152
　　第三节　常见问题及防范措施 ················· 154

第八章　事故案例分析 ··························· 169

　　第一节　外架作为模板支撑体系导致坍塌 ······· 169
　　第二节　挖孔桩作业架坍塌事故 ··············· 172
　　第三节　模板支撑架坍塌较大事故 ············· 174
　　第四节　浇筑混凝土导致架体坍塌事故 ········· 177
　　第五节　作业架搭设坍塌事故 ················· 180
　　第六节　脚手架拆除倒塌事故 ················· 182
　　第七节　脚手架事故发生特点及规律 ··········· 184

参考文献 ······································· 186

上 篇
专业技术理论

第一章 脚手架概述

第一节 脚手架的作用与分类

脚手架在我国经历了三个发展阶段:在20世纪60年代以前是传统的竹、木脚手架阶段,依靠架子工人的施工经验进行搭设,并积累了丰富的搭设经验;在20世纪60年代至70年代末,扣件式钢管脚手架得到迅速推广和应用,并和竹、木脚手架形成共同使用的阶段;自20世纪80年代开始,各式各样的脚手架得到迅速发展,进入以科学的设计和计算为依据搭设和标准化管理的阶段。

一、脚手架的作用

建筑工程施工实践证明,脚手架是建筑工程施工作业中不可缺少的设备工具,是为施工现场工作人员生产和堆放部分建筑材料所提供的操作平台。它既要满足施工操作的需要,又要为保证建筑工程施工质量、提高工作效率和确保施工安全创造条件。归纳起来,脚手架主要作用有以下几方面:

(1)脚手架是建筑工程的操作平台,是保证建筑物在立面上连续施工的重要设备,是确保建筑物顺利施工的重要物质基础。

(2)脚手架是工程施工人员操作的地方,能满足施工操作所需要的运料、堆料和放置工具的要求,并有利于工人的施工操作。

(3) 脚手架的上部由防护栏杆、脚手板等组成，并设置安全网，对高空作业人员能起到防护作用，以确保施工人员的人身安全。

(4) 脚手架随着建筑物的施工高度进行搭设，这样有利于工人操作，对于确保工程施工质量和施工速度非常重要。

(5) 建筑工程的施工是比较复杂的，脚手架能满足多层作业、交叉作业、流水作业和多工种之间配合作业的要求。

二、脚手架的分类

土木建筑工程中所用的脚手架，其分类方法很多，通常可按脚手架的主要用途不同分类、按脚手架的设置状态不同分类、按脚手架的搭设位置不同分类、按脚手架的杆件配件不同分类和按脚手架的设置形式不同分类等。

（一）按脚手架的主要用途不同分类

按脚手架的主要用途不同分类，一般可分为以下四类：

(1) 结构工程作业脚手架。结构工程作业脚手架简称结构脚手架，是为满足结构工程施工作业需要而设置的脚手架，在建筑工程上也称为结构脚手架。

(2) 装修工程作业脚手架。装修工程作业脚手架简称装修脚手架，是为满足装修工程施工作业需要而设置的脚手架。

(3) 支撑和承重脚手架。支撑和承重脚手架简称承重脚手架，是为支撑模板及其荷载或为满足其他承重要求而设置的脚手架。

(4) 防护脚手架。防护脚手架是为确保施工安全而设置的专门脚手架，主要包括作业围护用墙式单排脚手架和通道防护棚等。

（二）按脚手架的设置状态不同分类

按脚手架的设置状态不同，可以分为很多种脚手架，在建筑工程中常见的有落地式脚手架、悬挑脚手架、挂脚手架、吊脚手架和移动式脚手架等。

1. 落地式脚手架

这种脚手架荷载通过立杆传递给架设脚手架的地面、楼面、屋面或其他支持结构物。落地式脚手架具有构造简单、传力合理、安全可靠、搭设方便、造价适宜等特点，在多层建筑中比较常见。

2. 悬挑脚手架

这是一种从建筑物内伸出的或固定于工程结构外侧的悬挑梁或其他悬挑结构上向上搭设的脚手架，脚手架通过悬挑结构将荷载传递给工程结构承担。悬挑脚手架在建筑施工中的应用越来越广泛。相对于落地式脚手架，悬挑脚手架具有投入低、周转快、节约工期等优点。

3. 挂脚手架

挂脚手架是采用型钢焊制成定型钢架，用挂钩等措施挂在建筑结构内埋设的钩环上，或在墙上预留孔用螺杆将脚手架固定附着在外墙上，随结构施工往上逐层提升。挂脚手架具有制作简单、用料较少等优点，主要用于多层建筑的外墙粉刷、勾缝等作业，但由于其稳定性差，如使用不当易发生事故，所以在施工中应特别注意其稳定性。

4. 吊脚手架

吊脚手架是利用吊索悬吊吊架或吊篮进行砌筑或装饰工程操作的一种脚手架。其悬吊方法是在主体结构上设置支承点。吊脚手架主要由吊架（包括桁架式工作台和吊篮）、支承设施（包括支承挑梁和挑架）、吊索（包括钢丝绳、铁链、钢筋）及升降装置等部分组成。当脚手架为篮式构造时，则称为"吊篮"。

5. 移动式脚手架

移动式脚手架是一种自身具有稳定结构、可以移动使用的脚手架，如液压滑模等。移动式脚手架主要应用于室内外装修、门面广告、桥梁支撑、模板支撑等。移动式脚手架具有装卸方便、安全可靠、价惠实用等优点。

（三）按脚手架的搭设位置不同分类

按脚手架的搭设位置不同分类，在建筑工程中主要有外脚手架和里脚手架两大类。

1. 外脚手架

外脚手架是建筑工程中最常用的施工脚手架，即沿着建筑物外墙的外侧周边搭设的一种脚手架。这种脚手架既可用于主体结构工程，又可用于外装修工程。

2. 里脚手架

里脚手架是用于建筑物内墙的砌筑、装修用的脚手架。在工程施工的过程中，里脚手架搭设在各层楼板上，每层楼板只需搭设2~3步。

（四）按脚手架的杆件配件不同分类

按脚手架的杆件配件不同分类，可分为木脚手架、竹脚手架、扣件式钢管脚手架、碗扣式钢管脚手架、门式钢管脚手架和其他连接形式钢管脚手架。

（五）按脚手架的设置形式不同分类

按脚手架的设置形式不同分类，可分为单排脚手架、双排脚手架、多排脚手架、满堂脚手架、满高脚手架、交圈脚手架和特形脚手架等。

1. 单排脚手架

只有一排立杆的脚手架，其横向水平杆的另一端搁置在墙体结构上。由于这种脚手架的稳定性很差，现在已经很少应用，一般只作为临时防护。

2. 双排脚手架

双排脚手架从剖面看是有两排立杆的脚手架，另外还有大横杆和小横杆。有落地式的，也有悬挑的，还有爬升的，具体根据工程情况选择。

3. 多排脚手架

多排脚手架是具有 3 排以上立杆的脚手架。

4. 满堂脚手架

按施工作业范围满设的、两个方向各有 3 排以上立杆的脚手架。

5. 满高脚手架

按墙体或施工作业最大高度、由地面起满高度设置的脚手架。

6. 交圈脚手架

交圈脚手架也称为周边脚手架,这是一种沿建筑物或作业范围周边设置并相互交圈连接的脚手架。

7. 特形脚手架

具有特殊平面和空间造型的脚手架,如用于烟囱、水塔、冷却塔以及其他平面为圆形、环形、外方内圆形、多边形和上扩及上缩等特殊形式的建筑施工脚手架。

第二节　脚手架对材料的基本要求

脚手架是建筑工程中不可缺少的临时设施,工程实践证明,脚手架对于工程质量、施工速度、现场布置、工程造价和安全施工均有重要影响。因此,对脚手架有以下基本要求:

(1) 脚手架材料与构配件的性能指标应满足脚手架使用的需要,质量应符合国家现行相关标准的规定。

(2) 脚手架的材料与构配件应有产品质量合格证明文件。

(3) 脚手架所用杆件和构配件应配套使用,并应满足组架方式及构造要求。

(4) 脚手架材料与构配件在使用周期内,应及时检查、分类、维护、保养,对不合格品应及时报废,并应形成文件记录。

（5）对于无法通过的结构分析、外观检查和测量检查确定性能的材料与构配件，应通过试验确定其受力性能。

（6）脚手架是建筑工程施工的重要场所，其宽度应满足工人操作、材料堆放和材料运输的需要，不能过宽和过窄。

（7）在脚手架上进行操作属于高空承重作业，必须保证脚手架有足够的强度、刚度和稳定性，这样才能确保施工顺利和施工人员的安全。

（8）脚手架是构成建筑工程造价的重要组成部分，应当力求构造简单、装拆方便、多次周转使用，尽量降低摊销费用。

（9）脚手架要具有足够的强度、刚度和稳定性，这些性能在很大程度上主要取决于脚手架材料的优劣，因此，材料能否符合基本要求是脚手架质量好坏的关键。

（10）建筑施工脚手架所用的材料、构配件，在现行国家标准《建筑施工脚手架安全技术统一标准》（GB 51210）中有明确的规定：

① 脚手架所用钢管宜采用现行国家标准《直缝电焊钢管》（GB/T 13793）或《低压流体输送用焊接钢管》（GB/T 3091）中规定的普通钢管，其材质应符合现行国家标准《碳素结构钢》（GB/T 700）中 Q235 级钢或《低合金高强度结构钢》（GB/T 1591）中 Q345 级钢的规定。钢管外径、壁厚、外形允许偏差应符合表 1-2-1 的规定。

② 脚手架所使用的型钢、钢板、圆钢应符合现行国家相关标准的规定，其材质应符合现行国家标准《碳素结构钢》（GB/T 700）中 Q235 级钢或《低合金高强度结构钢》（GB/T 1591）中 Q345 级钢的规定。

③ 用铸铁或铸钢制作的脚手架构配件材质应符合现行国家标准《可锻铸铁件》（GB/T 9440）中 KTH-330-08 或《一般工程用铸造碳钢件》（GB/T 11352）中 ZG270-500 的规定。

表 1-2-1　钢管外径、壁厚、外形允许偏差

钢管直径(mm)	外径(mm)	壁厚(mm)	外形偏差		管端截面
			弯曲度(mm/m)	椭圆度(mm)	
≤20	±0.3	±10%·S		0.23	与轴线垂直、无毛刺
21～30			1.5		
31～40	±0.5			0.38	
41～50			2.0		
51～70	±1.0%			7.5/1000·D	

注：S 为钢管壁厚；D 为钢管直径。

（一）脚手板应满足强度、耐久性和重复使用要求

钢脚手板材质应符合现行国家标准《碳素结构钢》（GB/T 700）中 Q235 级钢的规定；冲压钢板脚手板的钢板厚度不宜小于 1.5mm，板面冲孔内切圆直径应小于 25mm。

（二）底座和托座应经设计计算后加工制作

其材质应符合现行国家标准《碳素结构钢》（GB/T 700）中 Q235 级钢或《低合金高强度结构钢》（GB/T 1591）中 Q345 级钢的规定，并应符合下列要求。

（1）底座的钢板厚度不得小于 6mm，托座 U 形钢板厚度不得小于 5mm，钢板与螺杆应采用环焊，焊缝高度不应小于钢板厚度，并宜设置加筋板。

（2）可调底座和可调托座螺杆插入脚手架立杆钢管的配合公差应小于 2.5mm。

（3）可调底座和可调托座螺杆与可调螺母啮合的承载力应高于可调底座和可调托座的承载力，应通过计算确定螺杆与调节螺母啮合的齿数，螺母厚度不得小于 30mm。

（4）材料、构配件几何参数的标准值，应采用设计规定的公称值；工厂化生产的构配件几何参数实测平均值应符合设计

公称值。

（5）钢筋吊环或预埋锚固螺栓材质应符合现行国家标准《混凝土结构设计规范》（GB 50010）的规定。

（6）脚手架所用钢丝绳应符合现行国家标准《一般用途钢丝绳》（GB/T 20118）、《重要用途钢丝绳》（GB/T 8918）、《钢丝绳用普通套环》（GB/T 5974.1）和《钢丝绳夹》（GB/T 5976）的规定。

（7）金属类脚手架的结构连接材料应符合下列规定：

① 手工焊接所采用的焊条应符合现行国家标准《非合金钢及细晶粒钢焊条》（GB/T 5117）或《热强钢焊条》（GB/T 5118）的规定，选择的焊条型号应与所焊接金属物理性能适应。

② 自动焊接或半自动焊接所采用的焊丝应符合现行国家标准《熔化焊用钢丝》（GB/T 14957）、《熔化极气体保护电弧焊用非合金钢及细晶粒钢实心焊丝》（GB/T 8110）、《碳钢药芯焊丝》（GB/T 10045）和《低合金钢药芯焊丝》（GB/T 17493）的规定，选择的焊丝和焊剂应与被焊金属物理性能适应。

③ 普通螺栓应符合现行国家标准《六角头螺栓 C 级》（GB/T 5780）的规定，其机械性能应符合现行国家标准《紧固件机械性能螺栓、螺钉和螺柱》（GB/T 3098.1）的规定。

（8）脚手架挂扣式连接、承插式连接的连接件应有防止退出或防止脱落的措施。

① 周转使用的脚手架杆件、构配件应制定维修检验标准，每使用一个安装拆除周期后，应及时检查、分类、维护、保养，对不合格品应及时报废。

② 脚手架构配件应具有良好的互换性，且可重复使用。构配件出厂质量应符合国家相关产品标准的要求，杆件、构配件的外观质量应符合下列规定：

a. 不得使用带有裂纹、折痕、表面明显凹陷、严重锈蚀的钢管；

b. 铸件的表面应光滑，不得有砂眼、气孔、裂纹、浇冒口残余等缺陷，表面粘砂应当清除干净；

c. 冲压件不得有毛刺、裂纹、明显变形、氧化皮等缺陷；

d. 焊接件的焊缝应饱满，焊渣应清除干净，不得有未焊透、夹渣、咬肉、裂纹等缺陷。

③ 工厂化制作的构配件应有生产厂的标志。

第三节 脚手架受力分析

脚手架是由各受力杆件组成的结构单元（图1-3-1）。横向水平杆（小横杆）、纵向水平杆（大横杆）和立杆等杆件组成

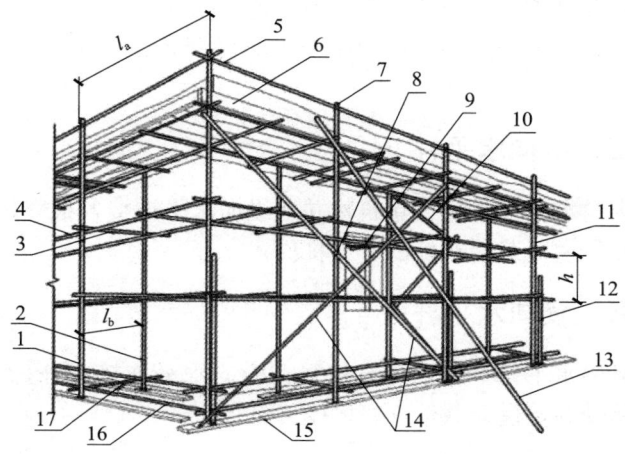

1—外立杆；2—内立杆；3—横向水平杆；4—纵向水平杆；5—栏杆；6—挡脚板；7—直角扣件；8—旋转扣件；9—连墙件；10—横向斜撑；11—主立杆；12—副立杆；13—抛撑；14—剪刀撑；15—垫板；16—纵向水平扫地杆；17—横向水平扫地杆。

图1-3-1 扣件式钢管落地脚手架主要构配件

了承载框架，剪刀撑和连墙件主要是保证脚手架的整体刚度和稳定性，增加抵抗垂直和水平荷载的能力。

以扣件式钢管脚手架为例，脚手架上的荷载传递途径是：脚手板上的全部竖向荷载作用在横（或纵）向水平杆上，并通过扣件传递到立杆上，最后由立杆传递给基础。水平风荷载则是通过连墙件传递给建筑物。扣件式钢管脚手架各部件基本受力情况如下。

一、垫板与底座

主要是受压同时受冲剪配件，将立杆传来的荷载传向地面，增加对地面的受力面积，提高基础的抵抗力。

二、立杆

立杆是脚手架中的主要受力杆件，立杆平行于建筑物并垂直于地面，是一种把脚手架的全部荷载传递给基础的受力杆件。

三、纵向水平杆

纵向水平杆平行于建筑物并在纵向水平连接各根立杆，是承受并传递荷载给立杆的受力杆件。

四、横向水平杆

横向水平杆垂直于建筑物并在横向水平连接内外排立杆，也是承受并传递荷载给立杆的受力杆件。

五、连墙件

连墙件可以将脚手架与建筑物连接起来，是一种既要承受并传递荷载，又可防止脚手架横向失稳的杆件。

六、剪刀撑

剪刀撑设在脚手架外侧面并与墙面平行的十字交叉斜杆，主要可以增强脚手架的纵向刚度，防止脚手架产生纵向倾覆。

七、水平斜拉杆

水平斜拉杆是设在有连墙杆的脚手架内、外排立杆间的步架平面内的杆件，一般呈"之"字形布置，主要用于增强脚手架的横向刚度。

八、纵向水平扫地杆

纵向水平扫地杆连接在纵向立杆的下端，是距底座下皮200mm处的纵向水平杆，起着约束立杆底端在纵向发生位移的作用。

九、横向水平扫地杆

横向水平扫地杆连接在立杆的下端，是位于纵向水平扫地杆上方的横向水平杆，起着约束立杆底端在横向发生位移的作用。

有试验证明，受压杆件失稳时临界压力的大小与杆件自身的抗弯刚度成正比，与杆件的长度的平方成反比。也就是说，压杆越细长，其失稳时的临界压力越小，压杆越容易失稳。

在工程实践中，脚手架失稳倒塌事故发生的原因通常不是立杆承载力不够被压断，而是由于其轴线不能维持直线形状的平衡状态所致，这种现象称为压杆失稳。

经研究发现，脚手架立杆在轴向压力的作用下突然破坏，是由于脚手架立杆失稳而造成的。脚手架立杆失稳破坏比强度不足破坏所能承受的压力要小得多。

第四节 专项施工方案及安全制度规程

按照《危险性较大的分部分项工程安全管理规定》(中华人民共和国住房和城乡建设部令第 37 号)有关要求,脚手架在搭设和拆除作业以前,应根据工程特点编制脚手架专项施工方案,并应经审批后实施。实行施工总承包的,专项施工方案由施工总承包单位组织编制。实行分包的,专项施工方案可以由相关专业分包单位组织编制。对于超过一定规模的脚手架工程,还应组织专家对方案进行论证。当脚手架专项施工方案需要修改时,修改后的方案应经审批后实施。

一、编制工程项目

(一) 需要编制专项施工方案的作业脚手架工程

(1) 搭设高度 24m 及以上的落地式钢管脚手架工程(包括采光井、电梯井脚手架)。

(2) 悬挑式脚手架工程。

(3) 卸料平台、操作平台工程。

(4) 异型脚手架工程。

(二) 需要编制专项施工方案的模板工程

(1) 各类工具式模板工程:包括滑模、爬模、飞模、隧道模等工程。

(2) 混凝土模板支撑工程:搭设高度 5m 及以上,或搭设跨度 10m 及以上,或施工总荷载(设计值)10kN/m^2 及以上,或集中线荷载(设计值)15kN/m 及以上,或高度大于支撑水平投影宽度且相对独立无联系构件的混凝土模板支撑工程。

(3) 承重支撑体系:用于钢结构安装等满堂支撑体系。

(三) 需要专家论证的作业脚手架工程

(1) 搭设高度 50m 及以上的落地式钢管脚手架工程。

(2) 分段架体搭设高度 20m 及以上的悬挑式脚手架工程。

(四) 需要专家论证的模板工程

(1) 各类工具式模板工程：包括滑模、爬模、飞模、隧道模等工程。

(2) 混凝土模板支撑工程：搭设高度 8m 及以上，或搭设跨度 18m 及以上，或施工总荷载（设计值）15kN/m² 及以上，或集中线荷载（设计值）20kN/m 及以上。

(3) 承重支撑体系：用于钢结构安装等满堂支撑体系，承受单点集中荷载 7kN 及以上。

二、编制方案内容

专项施工方案应根据工程建设标准和勘察设计文件，并结合工程项目和分部分项工程的具体特点进行编制。方案应包括以下主要内容：

(1) 工程概况和编制依据；
(2) 脚手架类型选择；
(3) 所用材料、构配件类型及规格；
(4) 结构与构造设计施工图；
(5) 结构设计计算书；
(6) 搭设、拆除施工计划；
(7) 搭设、拆除技术要求；
(8) 质量控制措施；
(9) 安全控制措施；
(10) 应急预案。

三、安全技术交底

脚手架搭设和拆除作业前，施工单位应根据专项施工方案编制和审批权限，对现场管理人员和作业人员进行安全技术交底。

（一）安全技术交底的主要内容

（1）工程项目和分部分项工程的概况；

（2）脚手架的搭设、构造要求，检查验收标准；

（3）施工过程的危险部位和环节及可能导致生产安全事故的因素；

（4）针对危险因素采取的具体预防措施；

（5）作业中应遵守的安全操作规程及应注意的安全事项；

（6）作业人员发现事故隐患应采取的措施；

（7）发生事故后应及时采取的避险和救援措施。

（二）交底程序

专项施工方案实施前，方案编制人员或者项目技术负责人应当向施工现场管理人员进行方案交底。施工现场管理人员应当向作业人员进行安全技术交底。安全技术交底应有书面记录，并由交底双方和项目专职安全生产管理人员共同签字确认。

四、上岗制度

建筑架子工属于特种作业人员，应年满18周岁，具有初中以上文化程度，接受专门安全操作知识培训，经建设主管部门考核合格，取得"建筑施工特种作业操作资格证书"，方可在建筑施工现场从事作业脚手架、模板支架、外电防护架、卸料平台、洞口临边等安全防护设施的登高架设、维护、拆除作业。

持有"建筑施工特种作业操作资格证书"的建筑架子工应当遵守以下规定。

（1）架子工应当受聘于建筑施工企业，方可从事脚手架特种作业；

（2）首次取得资格证书的人员实习操作不得少于三个月。否则，不得独立上岗作业；

（3）每年应当参加不少于 24h 的安全教育培训或者继续教育；

（4）每年须进行一次身体检查，没有色盲、听觉障碍、心脏病、梅尼埃病、癫痫、眩晕、突发性昏厥、断指等妨碍作业的疾病和缺陷；

（5）资格证书每两年应进行一次延期复核。

五、安全操作规程

（1）进入施工现场的架子工应接受公司、项目和班组三级安全教育培训。在脚手架搭设作业前，应接受安全技术交底。

（2）搭设和拆除脚手架作业应有相应的安全设施，架子工必须戴安全帽、系安全带、穿防滑鞋，冬期施工应当佩戴手套。

（3）搭设脚手架前严格检查所使用的工具以及脚手架钢管、扣件等材料和构配件的质量，确认合格后方可使用。

（4）当有雷雨天气、6 级及以上强风天气应停止架上作业；雨、雪、雾天气应停止脚手架搭设和拆除作业；雨、雪、霜后上架作业应有防滑措施，并应清除积雪。

（5）搭拆作业时，工具、材料的上下须用工具袋、绳索传递，不要乱放材料及工具，不得抛掷物料，以免造成物体坠落伤人。

（6）在脚手架上进行电、气焊和其他动火作业时，应办理动火审批手续，采取防火措施，配置灭火器材，并设专人监护。

（7）脚手架与架空外电线路应保持安全距离。

（8）脚手架要结合工程进度搭设，搭设未完的脚手架，在离开作业岗位时，不得留有未固定构件和安全隐患，确保架体稳定。

（9）在脚手架使用期间，立杆基础下及附近不宜进行挖掘作业，否则应对架体采取加固措施。

（10）严禁将支撑脚手架、缆风绳、混凝土输送泵管、卸料平台及大型设备的支承件等固定在作业脚手架上。严禁在作业脚手架上悬挂起重设备。

（11）在搭设和拆除脚手架作业时，应设置安全警戒线、警戒标志，并应派专人监护，严禁非作业人员入内。

（12）严禁酒后作业。

（13）夜间不宜进行脚手架搭设与拆除作业。

第五节　建筑架子工常用工具及测量用具

一、常用工具

建筑架子工常用的工具有扳手、钢丝钳、榔头、钎子等。

（一）扳手

扳手是一种旋紧或拧松有角螺栓、螺钉、螺母螺丝钉或螺母的开口或套孔固件的手工工具，通常用碳素结构钢或合金结构钢制造。使用时沿螺纹旋转方向在柄部施加外力，就能拧转螺栓或螺母。

扳手是架子工在作业时常用到的工具。常用的扳手类型主要有活络扳手、电动扳手、开口扳手、扭力扳手等。

1. 活络扳手

活络扳手，又叫活扳手，如图 1-5-1 所示，活络扳手由呆扳唇、活扳唇、蜗轮、轴销和手柄组成。常用 250mm、300mm 两种规格，使用时应根据螺母的大小选配。

使用活络扳手时，应注意以下几点：

（1）扳动小螺母时，因需要不断地转动蜗轮，调节扳口的大小，所以手应靠近呆扳唇，并用大拇指调制蜗轮，以适应螺母的大小。

第一章　脚手架概述

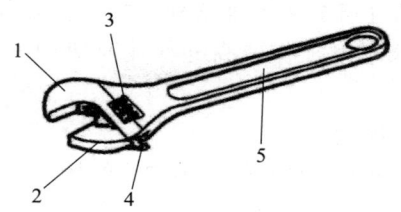

1—呆扳唇；2—活扳唇；3—蜗轮；4—销轴；5—手柄。
图 1-5-1　活络扳手

（2）活络扳手的扳口夹持螺母时，呆扳唇在上，活扳唇在下，切不可反过来使用。

（3）在扳动生锈的螺母时，可在螺母上滴几滴煤油或机油。

（4）在拧不动时，切不可采用钢管套在活络扳手的手柄上来增加扭力，因为这样极易损伤活络扳唇。

（5）不得把活络扳手当锤子用。

2. 电动扳手

电动扳手是以电源或电池为动力的扳手，是一种拧紧和旋松螺栓及螺母的电动工具，具有操作方便、省时省力、工作可靠的特点。

使用电动扳手时，应注意以下几点：

（1）在工具使用前，应确保电动扳手完好可靠。

（2）确认现场所接电源与电动扳手所需要的电压是否相符，是否接有漏电保护器。

（3）如果作业场所在远离电源的地点，需延伸电缆时，需要使用容量足够、安装合格的电缆。

（4）在工具接通电源前，需要检查开关处于断开状态才能插入。

（5）根据螺母大小选择匹配的套筒，并妥善安装。

（6）不应将电动扳手当成锤击工具使用。

（7）不应在手摇杆上增加套杆或撬棒后加力。

（8）站在梯子上工作或高处作业时应做好防止高处坠落措施。

3. 其他常用扳手

如图1-5-2所示，是其他几种常见的扳手。

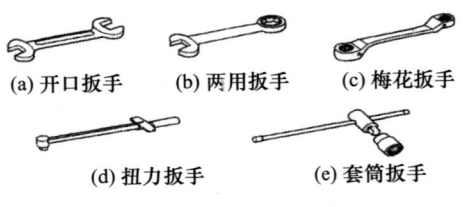

(a) 开口扳手　(b) 两用扳手　(c) 梅花扳手

(d) 扭力扳手　(e) 套筒扳手

图1-5-2　常用扳手

（1）开口扳手。

开口扳手，也称呆扳手，有单头和双头两种，其开口和螺钉头、螺母尺寸是相适应的，并根据标准尺寸做成一套。

（2）两用扳手。

两用扳手的一端与单头呆扳手相同，另一端与梅花扳手相同，两端拧转相同规格的螺栓或螺母。

（3）梅花扳手。

梅花扳手的两端具有带六角孔或十二角孔的工作端，它只要转过30°，就可改变扳动方向，所以在狭窄的地方工作较为方便。

（4）扭力扳手。

扭力扳手，又叫力矩扳手、扭矩扳手、扭矩可调扳手等，在紧固螺丝、螺栓、螺母等螺纹紧固件时可以控制施加的力矩大小，以保证螺纹紧固且不至于因力矩过大破坏螺纹。常用的手动扭力扳手分为定值式、预置式两种。定值式扭力扳手，在拧转螺栓或螺母时，能显示出所施加的扭矩；预置式扭力扳手，当施加的扭矩到达规定值后，会发出信号。扭矩显示方式

第一章 脚手架概述

有电子数显式和表盘式两种。力矩扳手既可初紧,又可终紧,还可作为检查测量工具使用。

(5) 套筒扳手。

套筒扳手是由多个带六角孔或十二角孔的套筒并配有手柄、接杆等多种附件组成,特别适用于拧转地位十分狭小或凹陷很深处的螺栓或螺母。使用时用弓形的手柄连续转动,工作效率较高。

(二) 其他常用工具

如图 1-5-3 所示,是其他几种脚手架施工常见工具。

1. 钎子

主要在作业脚手架脚手板的固定时,用于铁丝的拧紧。

2. 钢丝钳、钢丝剪、斩斧

主要用于拧紧、剪断铁丝和钢丝。

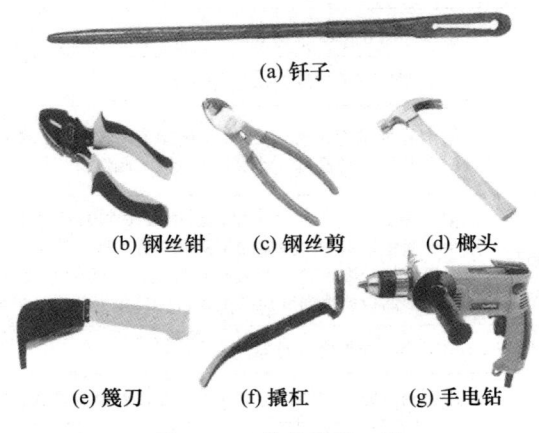

图 1-5-3 其他常用工具

3. 榔头

主要用于搭设碗扣式、承插式钢管脚手架时杆件连接紧固,以及木结构模板支架中扫地杆、水平拉杆、剪刀撑与木立柱的钉固。

4. 篾刀

主要用于搭设竹木脚手架时劈竹破篾。

5. 撬杠

主要用于移动物体和矫正构件、拆除模板、起拔钉子等。

6. 手电钻

又称为电锤,主要用于开孔或洞穿物体。

二、检测用具

脚手架工程常用的测量用具有经纬仪、水准仪、游标卡尺、钢卷尺、扭力扳手等。它们的主要用途见表 1-5-1。

表 1-5-1 脚手架工程常见测量用具及主要用途

测量用具名称	测量用具名称
经纬仪	用于测量作业脚手架和模板支架立杆垂直度
水准仪或水平尺	用于测量脚手架纵向水平杆的水平度
游标卡尺	用于测量钢管尺寸(外径、壁厚)和外表面的锈蚀深度、板厚以及碗扣的高度、直径(孔径)、圆度等
钢卷尺、钢板尺	主要用于长度尺寸的测量,如单双排和满堂脚手架的步距、纵距、横距;满堂支撑架的步距和立杆间距;脚手板外伸长度;剪刀撑搭接长度;扣件安装相互位置;钢管的弯曲变形量;冲压脚手板的板面挠曲或翘曲量;可调托撑支托板变形量等
扭力扳手	用于测量扣件螺栓拧紧力矩
角尺	用于测量剪刀撑斜杆与地面的倾角以及钢管端面切斜偏差等
吊线	用于测量作业脚手架和模板支架立杆垂直度等
塞尺	用于测量钢管端面切斜偏差以及可调托撑支托板变形量
焊接检验尺	用于测量焊缝高度

第六节　安全网基础知识

安全网是一种最常见的群体防护装置，其主要作用是将人与物体进行有效限制或隔离，以避免人、物相互接触或碰撞。合格的安全网可以防止作业人员高处坠落伤亡，以及因物体坠落而造成的人员伤害或设施被砸毁。

安全网按功能划分为平网和立网。建筑施工现场常用的安全网主要有安全平网、密目式安全立网和钢制安全网。安全平网通常用于水平面防护；密目式安全立网和钢制安全网主要用于立面的防护，如作业脚手架的外立面和临边的防护。

安全平网、密目式安全立网一般由网体、边绳、系绳等组成。

一、安全平网

安全平网是安装平面不垂直于水平面，用来防止人、物坠落，或用来避免、减轻坠落及物击伤害的网具，简称平网。高处作业中用于施工垂直方向水平防护时，应选用平网。

（一）安全平网的构造和材料

安全平网的网体由网绳编结而成，具有菱形或方形的网目，如图 1-6-1 所示。

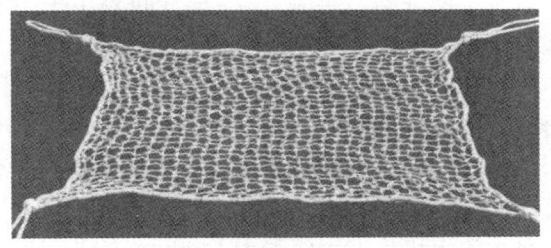

图 1-6-1　安全平网

安全平网的材料，要求其密度小、强度高、耐磨性好、延伸率大和耐久性较强。此外还应具有一定的耐气候性能，受潮受湿后其强度下降不大。目前，安全网以化学纤维为主要材料。通常，多采用维尼纶和尼龙等合成化纤作网绳。无论采用何种材料，每张安全平网的质量一般不宜超过15kg，并要能承受800N的冲击力。

（二）安全平网的挂设

作业脚手架内的安全平网至少挂设首层网、随层网和层间网3道，电梯井内一般用多层平网封闭。

（1）首层网。距地面第一道网称为首层网。当脚手架搭设高度达到3m时，应沿建筑物四周在架体内架设首层安全平网。首层网架设的宽度视建筑的防护高度和脚手架形式而定，当建筑总高度较高时，应增大搭设宽度，以加大保护范围。在烟囱、水塔等较高构筑物施工时，首层网应采用双层网，以增加抗冲击能力。首层网在建筑工程整个施工期间，不能拆除。

（2）随层网。随施工作业层逐层升高，在作业层脚手板下面搭设的平网称为随层网，主要用于作业层人员的保护。当脚手架外立面采用立网全封闭，且作业层满铺脚手板时，也可不搭设随层网。

（3）层间网。在首层网与随层网之间搭设的平网称为层间网。当建筑物层数较多，而且脚手架施工作业面已离地面较高时，需要自首层网开始，每隔3～4层（间隔小于10m）设置一道层间安全平网。

（4）电梯井内如采用平网防护时，应进行多层封闭，在井口内应每隔3层且不大于10m设置一道安全平网。电梯井内的施工层上部，应设置平网或其他隔离防护措施。所有网体与井壁的空隙不得大于25mm。

（5）对于短边边长大于或等于1500mm的非竖向洞口，除了在洞口作业侧设置防护栏杆外，洞口应采用安全平网进行封闭。

（6）挂设平网时应外高里低，与水平面成15°，网片不宜绷得过紧。每个系结点上的边绳要靠紧支撑架，并用一根独立的系绳连接，边绳的断裂张力不得小于7kN，系绳应沿网边均匀分布，间距不得大于750mm。

（7）搭设好的安全平网应能承受质量100kg、表面积2800cm^{2}的砂袋假人，从10m高处的冲击后，网绳、系绳、边绳不断。

二、密目式安全立网

密目式安全立网是指网眼孔径不大于12mm，垂直于水平面安装，用于防止人员坠落及坠物伤害，简称为密目网，如图1-6-2所示。

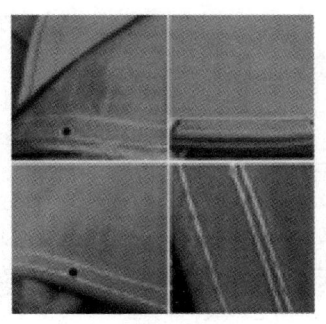

图1-6-2　密目式安全立网

（一）密目式安全立网的构造和材料

密目式安全立网一般由网体、开眼环扣、边绳和附加系绳组成。通常用棉纶、维纶、涤纶或其他材料制成。密目网的宽度一般在1.2～2m，长度不小于2m。建筑施工用密目式安全立网的网目密度要求不能低于2000目/100cm^2，并且还有阻燃性要求，其续燃、阴燃时间均不应大于4s。

（二）密目式安全立网的挂设

（1）对有外脚手架的工程，包括落地架和悬挑架，应采用密目式安全立网全封闭。密目网应设置在脚手架外侧立杆上，并与脚手杆紧密连接。

（2）坠落高度基准面2m及以上的临边和竖向洞口临空一侧的防护栏杆，应张挂密目式安全立网或其他材料封闭。

（3）密目式安全立网搭设时，每个开眼环扣应穿入系绳，系绳应绑扎在支撑架上，间距不得大于450mm。

（4）挂设密目式安全立网必须拉紧、拉直，相邻密目网间应紧密结合或重叠。

（5）当栏杆和挡脚板外侧安装立网时，立网应与栏杆、挡脚板同时搭设。

（6）龙门架、物料提升机及井架的防护不宜采用密目式安全立网全封闭，可采用其他透视性好的安全立网，以保证操作人员的良好视线。

三、钢制安全网

钢制安全网又称钢板网，是近年来广泛应用的一种新型的安全防护网，其安装部位和作用与密目式安全立网相同，如图1-6-3所示。

图1-6-3　钢制安全网

第一章　脚手架概述

（一）钢制安全网的构造和材料

钢制安全网一般采用镀锌钢板冲压而成，网孔多以圆孔为主，板厚 0.5～1mm，板宽 1～1.5m，长度 1～3m，其中 1850mm×1200mm 的规格比较常见。边框大多采用 2cm×2cm 的方管焊接而成，表面经过防腐喷塑处理。具有外形美观、易于安装、周转次数多等特点。

（二）钢制安全网的安装方法

钢板网的安装需要通过连接件来进行。连接件一般使用 ϕ48.3mm×3.6mm、长度 300mm 普通钢管与 40mm×40mm×5mm 角钢和 ϕ12 圆钢焊接而成。同一立面钢板网安装时，首先安装两侧连接件，连接件与横向水平杆固定连接，外露长度 150mm。然后拉通线依次安装其他连接件并固定钢板网，钢板网与横向水平杆预留 150mm 间隙用于连墙件的连接。

具体做法是：

（1）首先将三个连接件按照挂耳间距固定在第一步横向水平杆上，将钢板网下部三个挂耳对准连接件上 ϕ12 圆钢插入，三个连接件托住钢板网，然后将三个连接件插入钢板网上部三个挂耳，慢慢拉向横向水平杆，用扣件固定到位。

（2）第二步钢板网安装时，将钢板网下部三个挂耳直接插入第一步钢板网上部三个连接件圆钢上，再将三个连接件插入钢板网上部三个挂耳，慢慢拉向横向水平杆，使用扣件固定。

（3）往上各步以此类推，即可完成全部钢板网的安装。

四、安全网挂设注意事项

（1）安全网的搭设和拆除必须由考核合格的持有效证件的专业架子工进行。

（2）安全网挂设前，应进行进场验收，对网具进行检验，确认合格方可使用。

（3）安全网搭设应绑扎牢固、网间严密、外观整齐。建筑物的转角处、阳台口和平面形状凸出的部位,安全网要整体连接,不得中断。

(4) 绑扎固定安全网所用系绳应与安全网的系绳一致,严禁使用细钢丝等绑扎丝代替。系绳应打结方便、连结牢固而又容易解开,受力后不会散脱。

(5) 安全网的支撑架应有足够的强度和稳定性,确保安全网固定牢靠。

(6) 采用平网防护时,严禁使用密目式安全立网代替平网使用。

(7) 高层建筑外墙脚手架和既有建筑外墙改造时外脚手架的安全防护网以及临时疏散通道的安全防护网应采用阻燃型安全网。

五、安全网的使用

安装后的安全网应经验收合格后,方可使用。

(1) 使用时,应避免发生下列现象:

① 随便拆除安全网的构件。

② 人跳进或把物料投入安全网内。

③ 大量焊接或其他火星落入安全网内。

④ 在安全网内堆积物品。

⑤ 安全网周围有严重腐蚀性气体。

(2) 对使用中的安全网,应进行定期或不定期的检查,及时清理网上落物、尘土,对受到较大冲击或破损的网片应及时更换。

(3) 安全网应由专人保管发放,如暂不使用,应存放在通风、避光、隔热、无化学品污染的仓库或专有场所。

第二章　扣件式钢管脚手架

扣件式钢管脚手架由扣件和钢管等构成,具有搭拆简单、灵活,搬运方便,强度高,坚固耐用,通用性强,能适应建筑物平立面的变化等特点,既可搭设作业脚手架,也可搭设模板支架,在建筑工程施工中被广泛应用。

扣件式钢管落地脚手架主要构配件如图 1-3-1 所示。

第一节　扣件式钢管脚手架配件

一、底座

扣件式钢管脚手架的底座,置于立杆底部,包括固定底座、可调底座,用来承受脚手架立杆传递下来的荷载。按材料分为锻铸铁制造和焊接两种,如图 2-1-1 所示;按照承插形式分为内插式和外套式两种。

焊接底座一般采用厚度不小于 8mm,边长 150~200mm 的钢板作为底板,用高度不小于 150mm 的钢管焊接在底板上制成;焊接底座采用 Q235A 钢,焊条采用 E43 型。底座的承载力不应小于 40kN。内插式的外径 D 比立杆内径小 2mm,外套式的内径 D 比立杆外径大 2mm,且壁厚不小于 3.6mm。

二、垫板

垫板用来增大脚手架立杆与地基接触面积,防止基础沉降而导致架体失稳。垫板宜采用木垫板,也可采用槽钢。

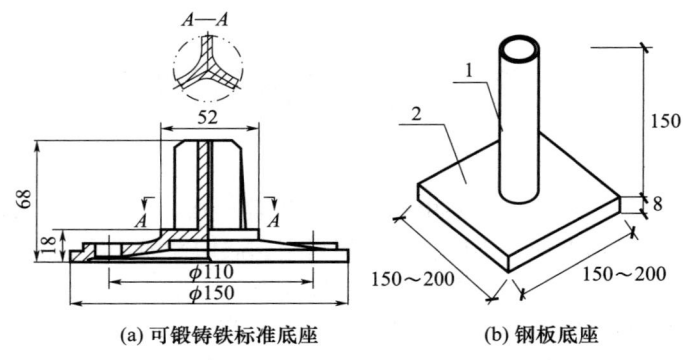

(a) 可锻铸铁标准底座　　(b) 钢板底座

1—承插或外套钢管；2—钢板底座。

图 2-1-1　底座

木垫板厚度不小于 50mm，宽度不小于 200mm，平行于建筑物铺设时垫板长度应不少于 2 跨。通常情况下，应使用冷底子油等做防腐处理，两端头使用 8 号镀锌钢丝绑扎两道，以防开裂。槽钢垫板应当沿纵向仰铺，规格为 12～16 号。

三、钢管

钢管应采用符合现行国家标准的 Q235 级钢，外径为 48.3mm、壁厚为 3.6mm，每根钢管的最大质量不应大于 25.8kg；一般情况下，单、双排脚手架横向水平杆最大长度不超过 2.2m，其他杆最大长度不超过 6m。

四、扣件

扣件主要用于钢管杆件之间的连接，依靠摩擦力传递各种施工荷载。扣件按结构形式分为直角扣件、旋转扣件、对接扣件三种，如图 2-1-2 所示。

第二章 扣件式钢管脚手架

(a) 直角扣件　　(b) 旋转扣件　　(c) 对接扣件

图 2-1-2　扣件

（一）直角扣件

直角扣件是用于垂直交叉杆件间连接的扣件（如立杆与纵向水平杆），其结构如图 2-1-3 所示。

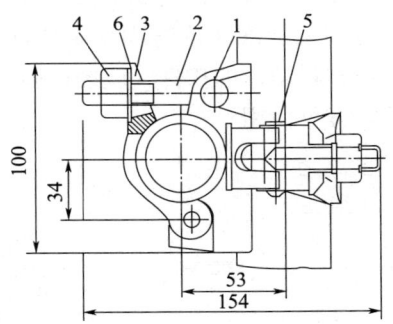

1—直角座；2—螺栓；3—盖板；4—螺母；5—销钉；6—垫圈。

图 2-1-3　直角扣件结构

（二）旋转扣件

旋转扣件是用于平行或斜交杆件间连接的扣件（如立杆与剪刀撑），其结构如图 2-1-4 所示。

（三）对接扣件

对接扣件是用于杆件对接连接的扣件（如立杆、纵向水平杆的接长），其结构如图 2-1-5 所示。

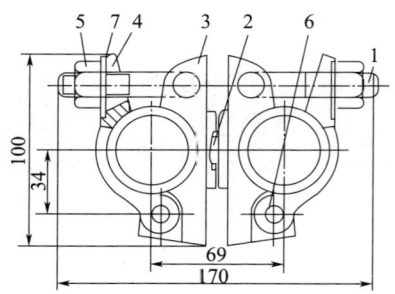

1—螺栓；2—钥钉；3—旋转座；4—盖板；5—螺母；6—销钉；7—垫圈。
图 2-1-4 旋转扣件结构

扣件式钢管外脚手架应采用可锻铸铁或铸钢制作的扣件，其材质应符合现行国家标准《钢管脚手架扣件》（GB 15831）的规定；采用其他材料制作的扣件，应经试验证明其质量符合该标准的规定后，方可使用。

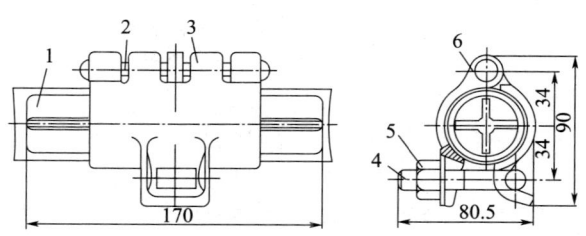

1—杆芯；2—铆钉；3—对接座；4—螺栓；5—螺母；6—垫圈。
图 2-1-5 对接扣件结构

五、脚手板

脚手板，又称跳板，是用于构造作业层架面的板材，便于施工人员工作和临时堆放零星施工材料。脚手板一般采用钢、木、竹等材料制作，单块脚手板的质量不宜大于 30kg。

常用脚手板有冲压钢板脚手板、木脚手板、钢木混合脚手板等,施工时应按照适用、安全的要求进行选用,本书主要介绍冲压钢板脚手板、木脚手板。

(一)冲压钢板脚手板

冲压钢板脚手板用厚1.5~2.0mm钢板冷加工而成,其形式、构造和外形尺寸如图2-1-6所示,板面上冲有梅花形翻边防滑圆孔。钢材应符合现行国家标准《优质碳素结构钢》(GB/T 699)。

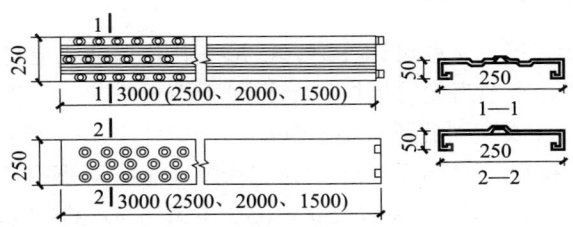

图2-1-6 冲压钢板脚手板

钢脚手板的连接方式有挂钩式、插孔式和U形卡式。如图2-1-7所示。

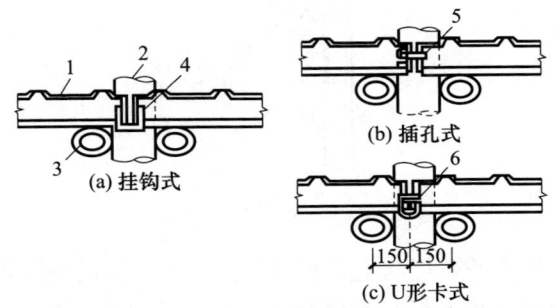

1—钢脚手板;2—立杆;3—小横杆;4—挂钩;5—插销;6—U形卡。

图2-1-7 冲压钢板脚手板的连接方式

（二）木脚手板

木脚手板应采用杉木或落叶松制作，其材质应符合现行国家标准《木结构设计标准》（GB 50005）中Ⅱa级材质的规定。脚手板厚度不应小于50mm，板宽为200～250mm，板长3～6m。在板两端往内80mm处，用不小于4mm的镀锌钢丝箍两道，防止板端劈裂。

六、可调托撑

可调托撑，又称可调托座、U形支托，是插入立杆钢管的顶部，可以调节高度的顶撑，主要用于模板支架，其构造如图2-1-8所示。螺杆外径不得小于36mm，直径与螺距应符合现行国家标准《梯形螺纹 第2部分：直径与螺距系列》（GB/T 5796.2）、《梯形螺纹 第3部分：基本尺寸》（GB/T 5796.3）的规定。

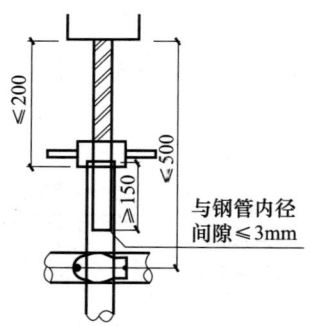

图2-1-8 可调托撑构造

可调托撑的螺杆与支托板应焊接牢固，焊缝高度不得小于6mm，可调托撑螺杆与螺母旋合长度不得少于5扣，螺母不得小于30mm。支托板厚不应小于5mm。

可调托撑的设置应符合以下要求：

（1）立柱顶部应当设置可调托撑。

（2）可调托撑插入立杆的长度不应小于150mm，螺杆伸出钢管顶部不得大于200mm，螺杆外径与立柱钢管内径的间隙不得大于3mm，如图2-1-8所示。

（3）当可调托座调节螺杆的外伸长度较大时，宜在水平方向设有限位措施，其可调螺杆的外伸长度应按计算确定。

第二节 扣件式钢管脚手架构造

扣件式钢管作业脚手架主要有单排、双排和满堂脚手架，其中单排和双排落地式脚手架形式，如图2-2-1所示。

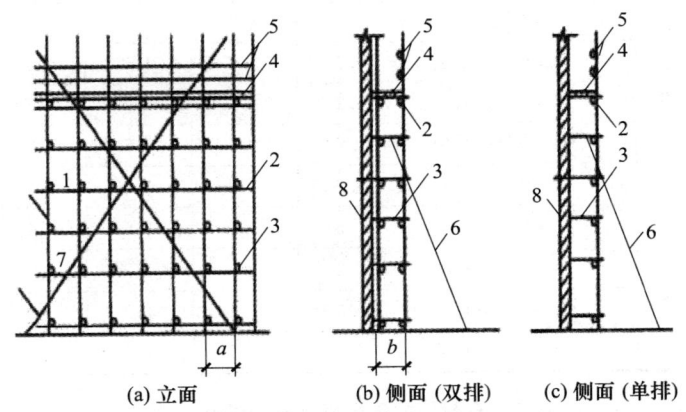

(a) 立面　　(b) 侧面（双排）　　(c) 侧面（单排）

1—立杆；2—纵向水平杆；3—横向水平杆；4—脚手板；
5—栏杆；6—抛撑；7—斜撑（剪刀撑）；8—墙体。

图2-2-1 单双排脚手架

一、构造尺寸

（1）单排和双排作业脚手架的宽度不应小于0.8m，且不宜大于1.2m。作业层高度不应小于1.7m，且不宜大于2m。

（2）单排脚手架搭设高度不应超过24m；双排脚手架搭设高度不宜超过50m，高度超过50m的双排脚手架，应采用双管立杆、分段卸荷等加强措施，或采用分段搭设方法；满堂脚手架搭设高度不宜超过36m，满堂脚手架施工层不超过1层。

常用作业脚手架的结构尺寸见表2-2-1～表2-2-3。

表2-2-1　全封闭式双排脚手架的设计尺寸 (m)

连墙件设置	立杆横距 L_b	步距 h	下列荷载时的立杆纵距 L_a				脚手架允许搭设高度 $[H]$
			2+0.35 (kN/m²)	2+2+2× 0.35 (kN/m²)	3+0.35 (kN/m²)	3+2+2× 0.35 (kN/m²)	
二步三跨	1.05	1.50	2.0	1.5	1.5	1.5	50
		1.80	1.8	1.5	1.5	1.5	32
	1.30	1.50	1.8	1.5	1.5	1.5	50
		1.80	1.8	1.2	1.5	1.2	30
	1.55	1.50	1.8	1.5	1.5	1.5	38
		1.80	1.8	1.2	1.5	1.2	22
三步三跨	1.05	1.50	2.0	1.5	1.5	1.5	43
		1.80	1.8	1.5	1.5	1.2	24
	1.30	1.50	1.8	1.2	1.5	1.2	30
		1.80	1.8	1.2	1.5	1.2	17

表2-2-2　全封闭式单排脚手架的设计尺寸 (m)

连墙件设置	立杆横距 L_b	步距 h	下列荷载时的立杆纵距 L_a		脚手架允许搭设高度 $[H]$
			2+0.35 (kN/m²)	3+0.35 (kN/m²)	
二步三跨	1.20	1.50	2.0	1.8	24
		1.80	1.5	1.2	24
	1.40	1.50	1.8	1.5	24
		1.80	1.5	1.2	24

续表

连墙件设置	立杆横距 L_b	步距 h	下列荷载时的立杆纵距 L_a		脚手架允许搭设高度 $[H]$
			2+0.35 (kN/m²)	3+0.35 (kN/m²)	
三步三跨	1.20	1.50	2.0	1.8	24
		1.80	1.2	1.2	24
	1.40	1.50	1.8	1.5	24
		1.80	1.2	1.2	24

注：1. 表中所示 2+2+2×0.35 (kN/m²)，包括的荷载有：2+2 (kN/m²) 为二层装修作业层施工荷载标准值；2×0.35 (kN/m²) 为二层作业层脚手板自重荷载标准值。
2. 作业层横向水平杆间距，应按不大于 $L_a/2$ 设置。
3. 地面粗糙度为 B 类，基本风压 $W_0=0.4kN/m^2$。

表 2-2-3　常用敞开式满堂脚手架结构的设计尺寸（m）

序号	步距 h	立杆间距	支架高宽比不大于	下列施工荷载时最大允许高度	
				2kN/m²	3kN/m²
1	1.7~1.8	1.2×1.2	2	17	9
2		1.0×1.0	2	30	24
3		0.9×0.9	2	36	36
4	1.5	1.3×1.3	2	18	9
5		1.2×1.2	2	23	16
6		1.0×1.0	2	36	31
7		0.9×0.9	2	36	36
8	1.2	1.3×1.3	2	20	13
9		1.2×1.2	2	24	19
10		1.0×1.0	2	36	32
11		0.9×0.9	2	36	36

续表

序号	步距 h	立杆间距	支架高宽比不大于	下列施工荷载时最大允许高度	
				$2kN/m^2$	$3kN/m^2$
12	0.9	1.0×1.0	2	36	33
13		0.9×0.9	2	36	36

注：1. 最少跨数应符合 JGJ 130 附录 C 表 C-1 规定。
2. 脚手板自重标准值取 $0.35kN/m^2$。
3. 地面粗糙度为 B 类，基本风压 $W_0=0.35kN/m^2$。
4. 立杆间距不小于 1.2m×1.2m，施工荷载标准值不小于 $3kN/m^2$ 时，立杆上应增设防滑扣件，防滑扣件应安装牢固，且顶紧立杆与水平杆连接的扣件。

二、地基与基础

（1）脚手架地基与基础的施工，必须根据脚手架搭设高度、搭设场地地层情况与现行国家标准《建筑地基基础工程施工质量验收标准》（GB 50202）的有关规定进行。

（2）压实填土地基、灰土地基是脚手架常用的两种地基形式。压实填土地基应符合现行国家标准《建筑地基基础设计规范》（GB 50007）的相关规定；灰土地基应符合现行国家标准《建筑地基基础工程施工质量验收标准》（GB 50202）的相关规定。

（3）永久性建筑结构混凝土基面也可以作为脚手架地基，但需要对其结构强度进行验算。

（4）双排脚手架基础的主要构造形式，如图 2-2-2 所示。

（5）脚手架基础的形式应当根据实际地基承载力情况经计算确定，当脚手架专项施工方案无特殊要求时，可按如下方法进行：

① 搭设高度在 25m 以下时，可素土夯实找平，上面铺设垫板，并设底座。

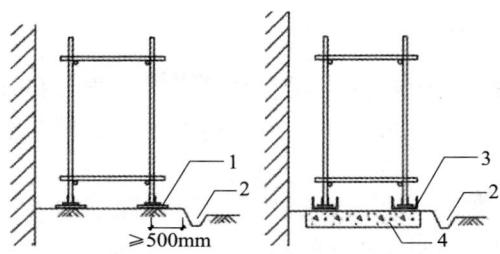

1—木垫板；2—排水沟；3—槽钢；4—混凝土垫层。
图 2-2-2　脚手架基础

② 搭设高度在 25～50m 时，可采用回填土分层夯实找平，可铺设枕木作为垫木或在地基上加铺 20cm 厚道砟，其上铺设混凝土板，再仰铺 12～16 号槽钢。

③ 搭设高度超过 50m 时，可于地面下 1m 深处采用灰土地基，或浇筑 50cm 厚混凝土基础，其上采用槽钢支垫。

④ 脚手架底座底面标高宜高于自然地坪 50～100mm。

⑤ 脚手架基础外侧应设置排水沟进行有组织排水。排水沟应素土夯实，铺设 100mm 厚 C15 混凝土。排水沟几何形状一般为上宽下窄的梯形，上口宽为 300～400mm，下底宽为 200～300mm；深度为 150～200mm。沟底设 3‰～5‰ 的坡度，便于沟内积水及时排出。

⑥ 遇有坑槽时，立杆应下到槽底或在槽上加设底梁（一般可用枕木或型钢梁）。

⑦ 脚手架旁有开挖的沟槽时，应控制外立杆距沟槽边的距离：当架高在 30m 以内时，不小于 1.5m；架高为 30～50m 时，不小于 2.0m；架高在 50m 以上时，不小于 2.5m。当不能满足上述距离时，应核算边坡承受脚手架的能力，不足时可加设挡土墙或其他可靠支护，避免槽壁坍塌危及脚手架安全。

⑧ 位于通道处的脚手架底部垫木（板）应低于其两侧地面，并在其上加设盖板，避免扰动。

三、杆件

作业脚手架的杆件主要有水平杆、立杆、扫地杆、剪刀撑、横向斜撑等。水平杆包括纵向水平杆、横向水平杆和扫地杆。

在脚手架术语中，两水平杆轴线之间的距离称为步距，简称步；纵向相邻两立杆之间的轴线的距离称为纵（跨）距，简称跨；横向相邻两立杆之间的轴线的距离（单排脚手架为外立杆轴线到墙面的距离）称为立杆横距。

（一）纵向水平杆

纵向水平杆是沿脚手架纵向设置的水平杆，其构造应符合以下要求：

（1）纵向水平杆底层步距不应大于2m，其他步距不应大于1.8m。

（2）纵向水平杆应设置在立杆内侧，单根杆长度不应小于3跨。

（3）纵向水平杆接长应采用对接扣件连接或搭接。

（4）纵向水平杆接头应交错布置，如图2-2-3所示。两根相邻纵向水平杆的接头不应设置在同步或同跨内；不同步或不同跨两个相邻接头在水平方向错开的距离不应小于500mm；各接头中心至最近主节点的距离不应大于立杆纵距的1/3。

（5）纵向水平杆搭接，如图2-2-4所示。搭接长度不应小于1m，应等间距设置3个旋转扣件固定，端部扣件盖板边缘至搭接纵向水平杆杆端距离不应小于100mm。

（6）当采用冲压钢脚手板、木脚手板时，脚手板放置在横向水平杆上；纵向水平杆应作为横向水平杆的支座，用直角扣件固定在立杆上，如图2-2-5所示。

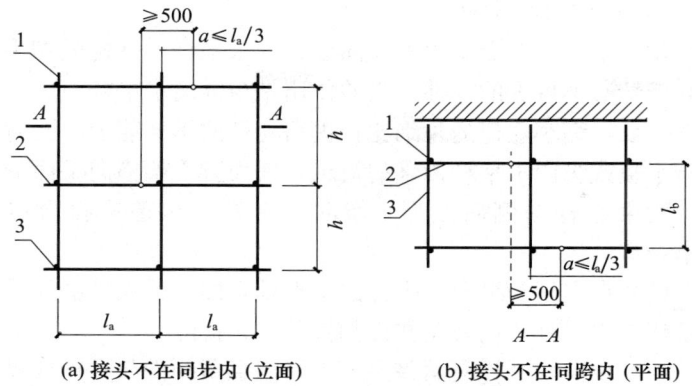

(a) 接头不在同步内 (立面) (b) 接头不在同跨内 (平面)

1—立杆；2—纵向水平杆；3—横向水平杆。

图 2-2-3 纵向水平杆接头布置

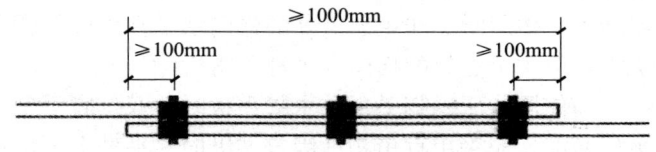

图 2-2-4 纵向水平杆搭接接头形式

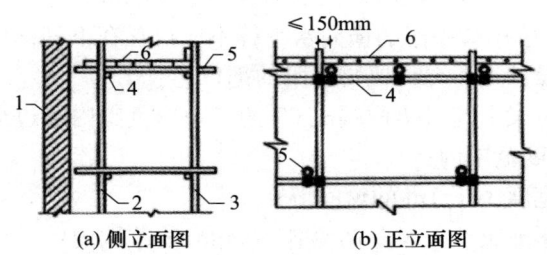

(a) 侧立面图 (b) 正立面图

1—建筑结构；2—内立杆；3—外立杆；4—纵向水平杆；
5—横向水平杆（放在纵向水平杆上）；6—脚手板。

图 2-2-5 采用冲压钢脚手板等脚手板时纵向水平杆设置

（二）横向水平杆

横向水平杆是沿脚手架横向设置的水平杆，是构成脚手架空间框架必不可少的杆件。它的作用是与纵向水平杆组成一个刚性平面，缩小立杆的长细比，提高立杆的承载能力，同时承受脚手板或纵向水平杆传来的荷载，增强脚手架横向平面的刚度，约束立杆的侧向变形。横向水平杆的构造应符合以下要求：

（1）在立杆与纵向水平杆的交点处，即主节点处必须设置一根横向水平杆，用直角扣件扣接并严禁拆除。

（2）横向水平杆应紧靠主节点，用直角扣件与立杆或纵向水平杆扣牢。

（3）作业层上非主节点处的横向水平杆，可以根据支承脚手板的需要等间距设置，但最大间距不应大于纵距的1/2。当作业层转入其他层时，非主节点处的横向水平杆可以随脚手板一同拆除，但主节点处的横向水平杆不得拆除。

（4）当使用冲压钢脚手板、木脚手板时，双排脚手架的横向水平杆两端均应采用直角扣件固定在纵向水平杆上，单排脚手架的横向水平杆的一端应用直角扣件固定在纵向水平杆上，另一端应插入墙内，插入长度不应小于180mm。

（5）单排脚手架的横向水平杆不应设置在下列部位：

① 设计上不允许留脚手眼的部位；

② 过梁上与过梁两端成60°的三角形范围内及过梁净跨度1/2的高度范围内；

③ 宽度小于1m的窗间墙；

④ 梁或梁垫下及其两侧各500mm的范围内；

⑤ 砖砌体的门窗洞口两侧200mm和转角处450mm的范围内，其他砌体的门窗洞口两侧300mm和转角600mm的范围内；

⑥ 墙体厚度小于或等于180mm；

⑦ 独立或附墙砖柱、空斗砖墙、加气块墙等轻质墙体；
⑧ 砌筑砂浆强度等级小于或等于 M5 的砖墙。

（三）立杆

立杆通常有单立杆和双立杆两种形式，应均匀设置，纵向间距不应大于 2m，横向间距一般不超过 1.3m。立杆的搭设应符合以下要求：

（1）立杆必须用连墙件与建筑物可靠连接。

（2）立杆接长除了顶层顶步可以采用搭接外，其余各层各步的接头必须采用对接扣件连接。

（3）当立杆采用对接接长时，立杆的对接扣件应交错布置，两根相邻立杆的接头不应设置在同步内，同步内隔一根立杆的两个相隔接头在高度方向错开的距离不宜小于 500mm；各接头中心至主节点的距离不宜大于步距的 1/3，如图 2-2-6 所示。

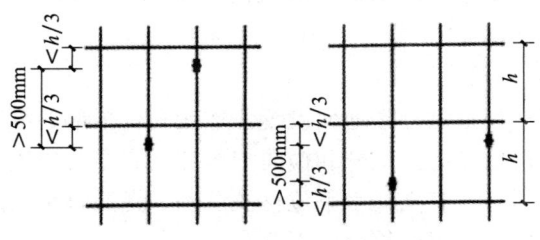

图 2-2-6　立杆对接接头位置

（4）当立杆顶层顶步采用搭接接长时，搭接长度不应小于 1m，并应采用不少于 2 个旋转扣件固定。端部扣件盖板的边缘至杆端距离不应小于 100mm，如图 2-2-7 所示。

（5）当采用双立杆时，双立杆中副立杆的高度不应低于 3 步，钢管长度不应小于 6m。上部单立杆与下部双立杆中的一根采用对接扣件接长，双立杆用旋转扣件连接，并同时用直角扣件与纵向水平杆扣紧，以保证双立杆共同受力，如图 2-2-8 所示。

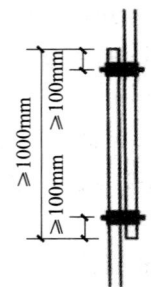 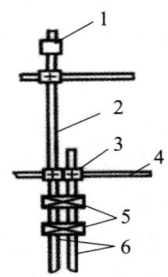

1—对接扣件；2—上单立杆；3—直角扣件；
4—纵向水平杆；5—旋转扣件；6—下双立杆。

图 2-2-7　　　　　图 2-2-8

（6）脚手架各转角处应设置内外立杆。如建筑结构有阳台等时，应相应增加转角处立杆。

（7）脚手架立杆顶端栏杆宜高出女儿墙上端 1m，高出檐口上端 1.5m。

（四）扫地杆

扫地杆是指贴近楼地面设置，连接立杆根部的纵、横向水平杆件，包括纵向扫地杆和横向扫地杆。其主要作用是用于固定立杆底部，约束立杆水平位移及沉陷，提高脚手架的整体刚度。扫地杆的设置应符合以下要求：

（1）脚手架底部立杆应设置纵向和横向扫地杆，扫地杆应与相邻立杆连接稳固。

（2）纵向扫地杆应采用直角扣件固定在距钢管底端不大于 200mm 处的立杆上。横向扫地杆应采用直角扣件固定在紧靠纵向扫地杆下方的立杆上，如图 2-2-9 所示。

（3）脚手架立杆基础不在同一高度上时，必须将高处的纵向扫地杆向低处延长两跨与立杆固定，高低差不应大于 1m。靠边坡上方的立杆轴线到边坡的距离不应小于 500mm，如图 2-2-10 所示。

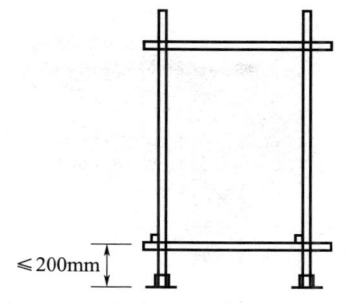

图 2-2-9　扫地杆设置

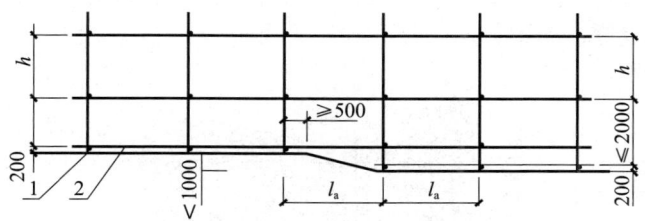

1—横向扫地杆；2—纵向扫地杆。

图 2-2-10　纵、横向扫地杆构造

（五）剪刀撑与横向斜撑

剪刀撑与横向斜撑可以增强脚手架的整体刚度，能够显著提高脚手架的稳定性和承载力，是防止脚手架纵向变形的重要措施。双排脚手架应设剪刀撑与横向斜撑，单排脚手架应设剪刀撑。

1. 剪刀撑

作业脚手架的纵向外侧立面上应设置竖向剪刀撑，并应符合下列规定：

（1）当搭设高度在 24m 以下时，应在架体两端、转角及中间每隔不超过 15m 各设置一道剪刀撑，并应由底至顶连续设置，如图 2-2-11 所示。

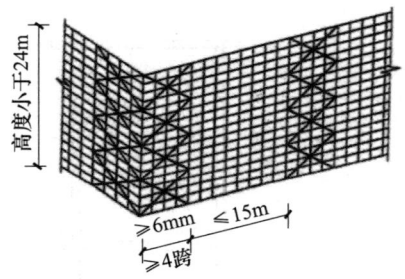

图 2-2-11　24m 以下单、双排脚手架剪刀撑设置

（2）高度在 24m 及以上时，应在全外侧立面上由底至顶连续设置，如图 2-2-12 所示。

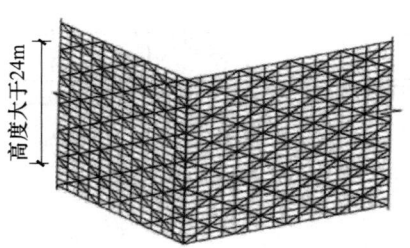

图 2-2-12　24m 及以上单、双排脚手架剪刀撑设置

（3）每道剪刀撑的宽度应为 4～6 跨，且不应小于 6m，也不应大于 9m；剪刀撑斜杆与水平面的倾角应在 45°～60°之间，各底层剪刀撑斜杆的下端均应支承在垫块或垫板上。每道剪刀撑跨越立杆的最多根数应按表 2-2-4 来确定。

表 2-2-4　剪刀撑跨越立杆的最多根数

剪刀撑斜杆与地面的倾角 a	45°	50°	60°
剪刀撑跨越立杆的最多根数 n	7	6	5

（4）剪刀撑斜杆的接长通常采用搭接，搭接长度不应小于 1m，采用不少于 3 个旋转扣件固定，端部扣件盖板的边缘至

杆端距离不应小于100mm，如图2-2-13所示。

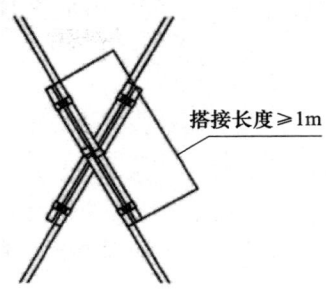

图 2-2-13　剪刀撑搭接

2. 横向斜撑

横向斜撑是与双排脚手架的内、外立杆或水平杆斜交呈之字形的斜杆，如图2-2-14所示，一般用于开口型或高度超过24m的脚手架，以及门洞、卸料平台等架体的开口处。横向斜撑的设置应符合以下要求：

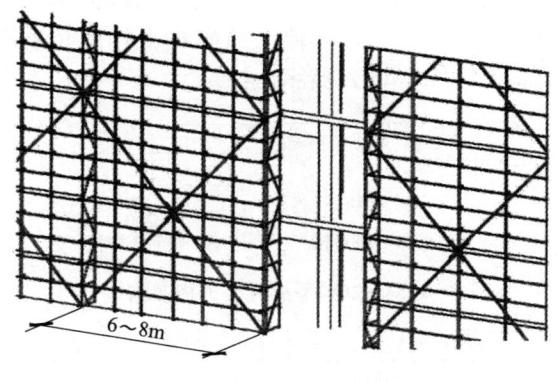

图 2-2-14　横向斜撑

（1）开口型双排脚手架的两端均必须设置横向斜撑；
（2）高度在24m以上的封闭型脚手架，除拐角应设置横

向斜撑外,中间应每隔6跨距设置一道;

(3)横向斜撑应在同一节间,由底至顶层呈"之"字形布置。

四、脚手板

脚手板的设置应符合以下要求:
(1)作业脚手板应满铺、铺稳、铺实。
(2)使用冲压钢脚手板、木脚手板时,脚手板应设置在三根横向水平杆上。

当脚手板长度小于2m时,可采用两根横向水平杆支承,但应将脚手板两端与其可靠固定,严防倾覆。

(3)脚手板的铺设应采用对接平铺或搭接铺设,其中:

① 脚手板对接平铺时,接头处必须设两根横向水平杆,脚手板外伸长应取130~150mm,两块脚手板外伸长度的和不应大于300mm,如图2-2-15(a)所示。

② 脚手板搭接铺设时,接头必须支在横向水平杆上,搭接长度不应小于200mm,其伸出横向水平杆的长度不应小于100mm,如图2-2-15(b)所示。

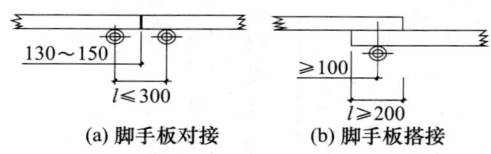

(a)脚手板对接　　(b)脚手板搭接

图2-2-15 脚手板对接、搭接构造

(4)脚手板伸出横向水平杆以外的部分不应大于200mm。

五、连墙件

连墙件能够防止因风荷载等水平外力作用而发生的脚手架向内或向外倾翻,同时减小立杆的计算长度,提高承载能力,对保证脚手架的稳定性至关重要。连墙件设置数量不足、构造不符合要求或被任意拆卸，极易造成脚手架倾覆坍塌事故。

（一）连墙件的构造类型

按照构造形式，连墙件可分为刚性连墙件和柔性连墙件，一般情况下应优先采用刚性连墙件。

（1）采用钢管、扣件或预埋件等变形较小的材料将立杆与主体结构连接在一起，可组成刚性连墙件。刚性连墙件既能承受拉力，又能承受压力作用，又有一定的抗弯和抗扭能力，能抵抗脚手架相对于墙体的向里和向外倾倒变形，也能对立杆的纵向弯曲变形有一定的约束作用。

（2）采用钢丝、钢筋等作拉结筋将立杆与主体结构连接在一起，可组成柔性连墙件。柔性连墙件只能承受拉力作用，不具有抗弯、抗扭作用，只能限制脚手架向外倾倒，不能防止脚手架向里倾斜，因此必须与顶撑配合使用。

（二）刚性连墙件构造形式

刚性连墙件常用的构造形式有：埋件连固式、单杆穿墙夹固式、双杆穿墙夹固式、单杆窗口夹固式、双杆窗口夹固式、单杆箍柱式、双杆箍柱式等。

刚性连墙件形式的选用应根据连墙件设置部位建筑物主体边沿的结构情况来确定。

（1）当边沿结构为梁时，可采用埋件连固式连墙件。

在混凝土浇筑前用一竖向短钢管埋设于梁内约 300mm，露出梁背约 200mm，待混凝土浇筑完成后，用水平长钢管连接立杆与竖向短钢管即可，如图 2-2-16 所示。

（2）边沿结构为剪力墙时，可采用穿墙夹固式连墙件。

① 单杆穿墙夹固式。用单根横向水平杆穿过墙体，在墙体的两侧用短钢管（立放或平放）塞以垫木固定，如图 2-2-17(a) 所示。

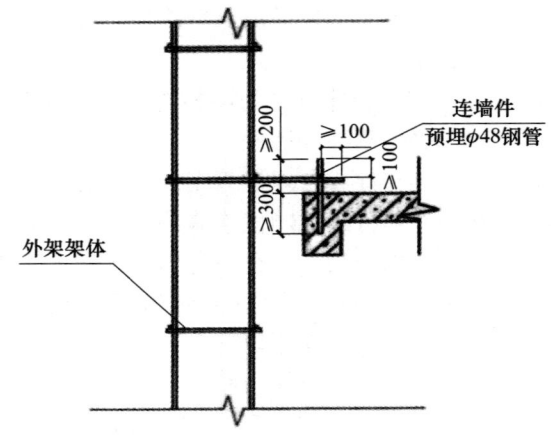

图 2-2-16 埋件连固式刚性连墙件

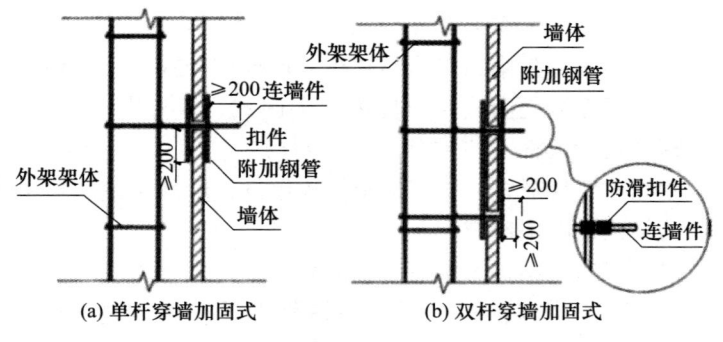

图 2-2-17 穿墙夹固式刚性连墙件

② 双杆穿墙夹固式。用一对上下或左右相邻的横向水平杆穿过墙体，在墙体的两侧用短钢管（立放或平放）塞以垫木固定，如图 2-2-17（b）所示。

（3）当边沿结构为窗洞时，可采用窗口夹固式连墙件。

① 双杆窗口夹固式。用一对上下或左右相邻的横向水平

杆通过门窗洞口，在洞口墙体两侧用适当的钢管（立放或平放）塞以垫木固定，如图 2-2-18 所示。

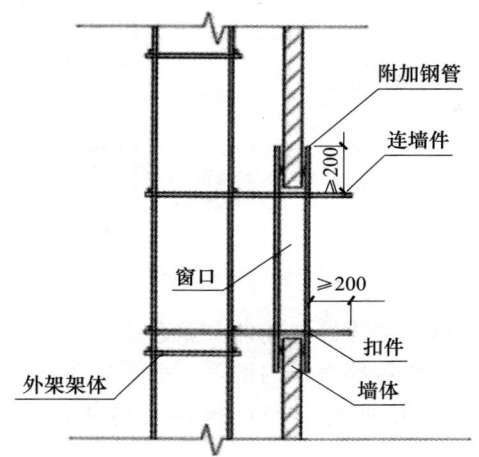

图 2-2-18 双杆窗口加固式刚性连墙件

② 单杆窗口夹固式。对于尺寸不大的洞口，也可以用一根横向水平杆通过门窗洞口，在洞口墙体两侧用适当的钢管（立放或平放）塞以垫木固定。

（4）当边沿结构为柱子时，可采用箍柱式连墙件。

① 单杆箍柱式。用一根横向水平杆与 3 根短钢管并塞以垫木抱紧柱子固定，如图 2-2-19（a）所示。

② 双杆箍柱式。用 2 根横向水平杆与 2 根短钢管并塞以垫木抱紧柱子固定，如图 2-2-19（b）所示。

（三）柔性连墙件构造形式

柔性连墙件可采用在主体结构内预埋 $\phi 6$ 钢筋与架体拉结，或用双股 8 号镀锌钢丝与架体拉结，同时设置顶撑，使其可靠地顶在圈梁、柱等结构部位。

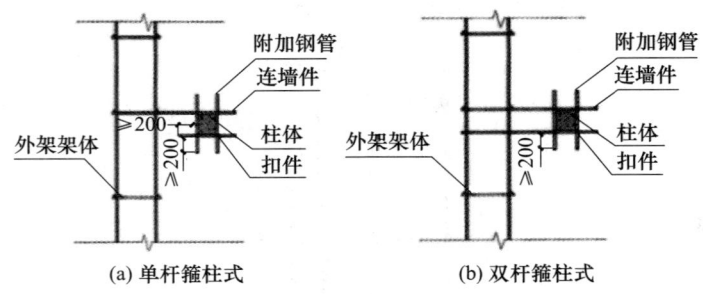

(a) 单杆箍柱式　　(b) 双杆箍柱式

图 2-2-19　箍柱式连墙件

（1）单排脚手架柔性连墙件。靠近建筑物结构体，在横向水平杆用直角扣件连接适长的钢管，钢管与建筑物结构体之间塞以垫木固定，并将钢管与建筑物结构体预埋件连接，如图 2-2-20（a）所示。

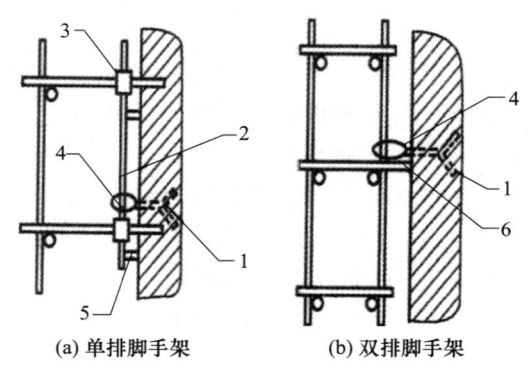

(a) 单排脚手架　　(b) 双排脚手架

1—预埋件；2—适长的钢管；3—直角扣件；
4—双股钢丝（或钢筋）；5—塞木顶紧；6—横向水平杆顶紧。
图 2-2-20　柔性连墙构造

（2）双排脚手架柔性连墙件。连墙件处横向水平杆靠近主节点用直角扣件与立杆连接，并与建筑物结构顶紧。脚手架内立杆与建筑物结构预埋件连接,如图 2-2-20（b）所示。

（四）连墙件的设置应符合的要求

（1）连墙件设置的位置、数量应按专项施工方案确定,连墙件应采用能承受压力和拉力的刚性构件,并应与工程结构和架体连接牢固。

（2）连墙点的水平间距不得超过 3 跨,竖向间距不得超过 3 步,连墙点之上架体的悬臂高度不应超过 2 步,布置最大间距见表 2-2-5。

表 2-2-5 连墙件布置最大间距

搭设方法	高度（m）	竖向间距	水平间距	每根连墙件覆盖面积（m²）
双排落地	$\leqslant 50$	$3h$	$3L_a$	$\leqslant 40$
双排悬挑	>50	$2h$	$3L_a$	$\leqslant 27$
单排	$\leqslant 24$	$3h$	$3L_a$	$\leqslant 40$

注：h 为步距；L_a 为纵距。

（3）连墙件应靠近主节点设置,偏离主节点的距离不应大于 300mm。

（4）连墙件应从底层第一步纵向水平杆处开始设置,当该处设置有困难时,应采用其他可靠措施固定。当脚手架下部暂不能设连墙件时应采取防倾覆措施。

（5）连墙件应优先采用菱形布置,或采用方形、矩形布置。

（6）在架体的转角处、开口型脚手架端部必须设置连墙件。连墙件的竖向间距不应大于建筑物的层高,并不应大于 4m。

（7）连墙件中的连墙杆应呈水平设置,当不能水平设置时,应向脚手架一端下斜连接,如图 2-2-21 所示。

（8）连墙件必须采用可承受拉力和压力的构造。对高度 24m 以上的双排脚手架,应采用刚性连墙件与建筑物连接。

（9）架体高度超过 40m 且有风涡流作用时,应采取抗上升翻流作用的连墙措施。

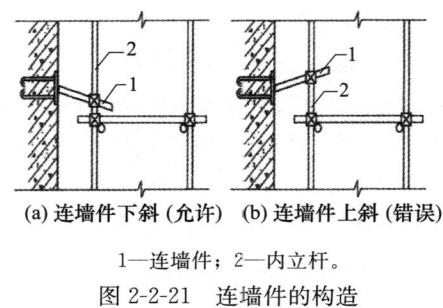

(a) 连墙件下斜（允许） (b) 连墙件上斜（错误）

1—连墙件；2—内立杆。

图 2-2-21 连墙件的构造

（10）严禁将作业脚手架与模板支架、卸料平台及起重设备的支承件等进行连接固定。

六、门洞

脚手架需要设置门洞时，洞口上方的立杆不能直接落到基础上，这时可以挑空 1～2 根立杆，并将悬空的立杆用斜杆逐根连接，使荷载分布到两侧的立杆上。门洞设置应符合以下要求。

（1）门洞上方的立杆从洞口上方的纵向水平杆开始扣接，洞口上方的内、外纵向水平杆可用两根钢管加强。

（2）单、双排脚手架门洞宜采用上升斜杆、平行弦杆桁架结构型式。

如图 2-2-22 所示，斜杆与地面的倾角 a 应在 45°～60°之间。门洞桁架的型式宜按下列要求确定。

① 当步距 h 小于纵距 L_a 时，应采用 A 型。

② 当步距 h 大于纵距 L_a 时，应采用 B 型，并应符合下列规定：

$h=1.8m$ 时，纵距不应大于 1.5m；

$h=2.0m$ 时，纵距不应大于 1.2m。

（3）单、双排脚手架门洞桁架的构造应符合下列规定。

① 单排脚手架门洞处，应在平面桁架的每一节间设置一

根斜腹杆，如图 2-2-22 所示；双排脚手架门洞处的空间桁架，除下弦平面外，应在其余 5 个平面内的图示节间设置一根斜腹杆，如图 2-2-22 中 1—1、2—2、3—3 剖面所示。

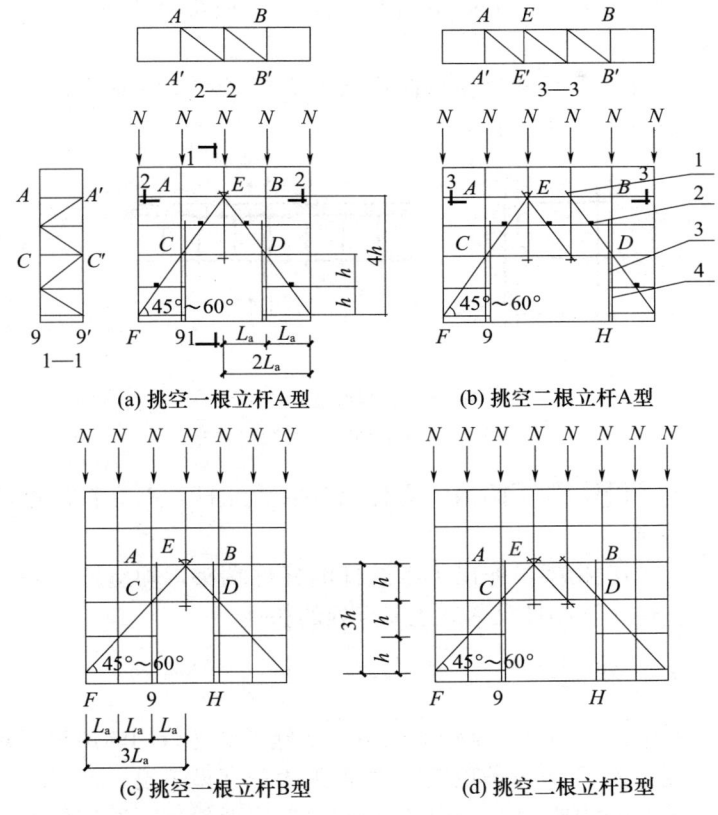

1—防滑扣件；2—增设的横向水平杆；3—副立杆；4—主立杆。
图 2-2-22　门洞处上升斜杆、平行弦杆桁架

② 斜腹杆宜采用旋转扣件固定在与之相交的横向水平杆的伸出端上，旋转扣件中心线至主节点的距离不宜大于 150mm。当斜腹杆在 1 跨内跨越 2 个步距［图 2-2-22（a）］

时，宜在相交的纵向水平杆处，增设一根横向水平杆，将斜腹杆固定在其伸出端上。

③ 斜腹杆宜采用通长杆件，当必须接长使用时，宜采用对接扣件连接，也可采用搭接，搭接构造应符合杆件接长有关要求。

④ 单排脚手架过窗洞时应增设立杆或增设一根纵向水平杆，如图 2-2-23 所示。

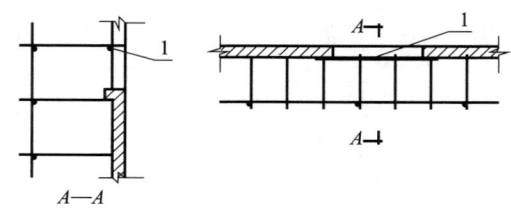

1—增设的纵向水平杆。

图 2-2-23 单排脚手架过窗洞构造

⑤ 门洞桁架下的两侧立杆应为双管立杆，副立杆高度应高于门洞口 1～2 步。

⑥ 门洞桁架中伸出上下弦杆的杆件端头，均应增设一个防滑扣件，该扣件宜紧靠主节点处的扣件。

七、斜道

斜道又称马道，是作业人员上下施工层通行用的通道。对于高度不大于 6m 的脚手架，通常采用一字型斜道；而对于高度大于 6m 的脚手架，一般采用"之"字形斜道。通道的构造应符合以下要求。

（1）斜道应附着外脚手架或建筑物设置，人行斜道严禁搭设在临近高压线一侧。

（2）运料斜道宽度不宜小于 1.5m，坡度不应大于 1∶6，人行斜道宽度不宜小于 1m，坡度不应大于 1∶3。

（3）拐弯处应设置平台，其宽度不应小于斜道宽度。

（4）斜道两侧及平台外围均应设置栏杆及挡脚板。栏杆高度应为1.2m，挡脚板高度不应小于200mm。

（5）运料斜道两端、平台外围和端部均应设置连墙件；每两步应加设水平斜杆；设置剪刀撑和横向斜撑。

（6）斜道脚手板构造应符合下列规定：

① 脚手板横铺时，应在横向水平杆下增设纵向支托杆，纵向支托杆间距不应大于500mm；

② 脚手板顺铺时，接头宜采用搭接；下面的板头应压住上面的板头，板头的凸棱外宜采用三角木填顺；

③ 人行斜道和运料斜道的脚手板上应每隔250～300mm设置一根防滑木条，木条厚度应为20～30mm。

八、局部卸载

当需要搭设超过允许高度的脚手架时，应采取卸载措施。卸载措施指在规定高度之上分段装设挑支架或撑拉构造，将该段的脚手架荷载全部或部分的卸载给工程结构承受，如图2-2-24所示。卸载装置的设置和构造一般应满足以下要求：

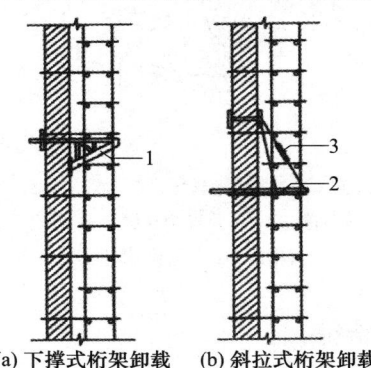

(a) 下撑式桁架卸载　(b) 斜拉式桁架卸载

1—卸载桁架；2—挑架；3—钢丝绳拉杆（花篮螺栓）。

图2-2-24　桁架卸载

(1)卸载桁架和撑拉体系的构造和建筑物结构上的附着点、拉结点必须经过严格的设计计算,使其具有足够的承载力;

(2)撑拉体系的撑拉节点必须满足传力要求;

(3)必须经过荷载试验并确保其安全可靠后,方可确定使用。

第三节　悬挑脚手架

当外墙作业脚手架不能从地面直接搭起,或者根据施工需要时,可以从某一楼层开始,由设置在楼面并凸出到建筑物外墙之外的悬挑梁作为主要承载构件,在悬挑梁上再搭设脚手架,这种脚手架称为悬挑脚手架,如图2-3-1所示。

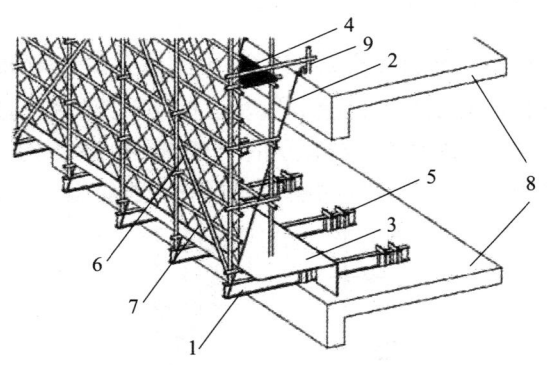

1—悬挑工字梁;2—张拉钢丝绳;3—底层封板;4—脚手板;
5—锚固螺栓;6—剪刀撑;7—密目安全立网;8—既有建筑物;9—连墙件。
图2-3-1　悬挑脚手架

一、受力特征

悬挑脚手架在竖向荷载作用下的平衡可借助跷跷板来说

明，如图 2-3-2 所示。坐在左边的人相当于悬挑上部的质量，即为悬挑荷载。跷跷板右边的人需要平衡左边的人的质量，相当于悬挑脚手架的"锚环"。将悬挑梁固定在楼板上，用来平衡悬挑荷载，一旦锚环失效，则悬挑架就会垮塌。

图 2-3-2　跷跷板

悬挑脚手架除了悬挑架自重和施工荷载等竖向荷载外，由于悬挑脚手架处在较高的高度，所以在水平方向还受到风荷载作用，其受力情况如图 2-3-3 所示。

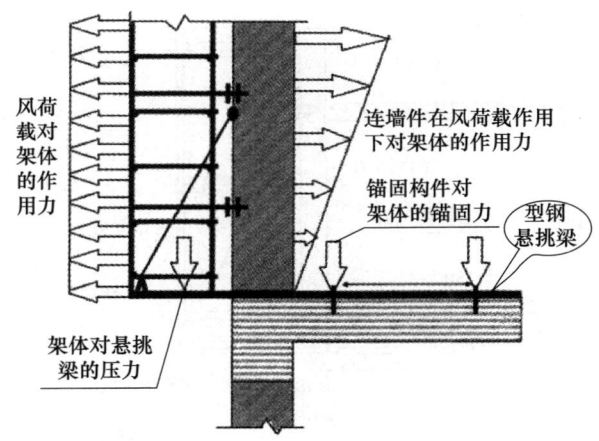

图 2-3-3　悬挑脚手架受力图

尽管悬挑架体自身牢固不散架，而且在悬挑梁上也有可靠支承，但仍然不能保持悬挑架的整体稳定，那就是在水平风荷载作用下，悬挑脚手架还有可能围绕外倾覆旋转点整体向外倾倒。因此，规范设置连墙件对于保证悬挑架的整体稳定性就显得非常重要。

二、悬挑脚手架构造与配件

悬挑脚手架主要由悬挑梁（或悬挑架）、架体（包括立杆、水平杆、剪刀撑等）、斜拉钢丝绳（斜撑杆）、连墙件等组成。一般是多层悬挑，将全高的脚手架分成若干段，每段搭设高度不宜超过 20m。

悬挑梁脚手架主要有以下 3 种结构形式。

（一）斜拉式悬挑梁脚手架

斜拉式悬挑梁脚手架结构是在型钢的外端设置一根与建筑物连接的可调斜拉钢丝绳或斜拉杆，如图 2-3-4 所示。此种脚手架由于施工方便、可靠性好而被广泛使用。

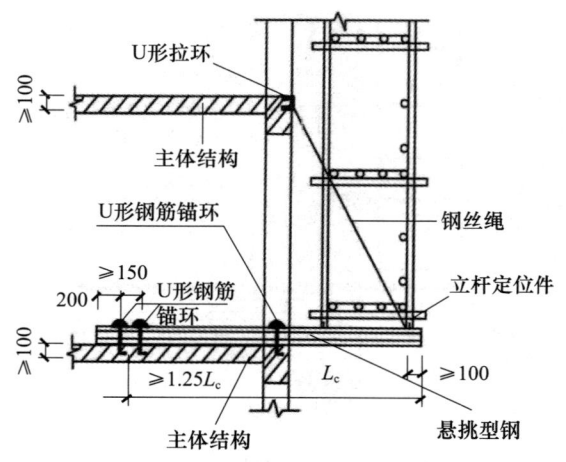

图 2-3-4　斜拉式悬挑梁脚手架结构

（二）斜撑式悬挑梁脚手架

斜撑式悬挑梁脚手架结构是在型钢的下面设置一根斜撑

杆，如图 2-3-5、图 2-3-6 所示。

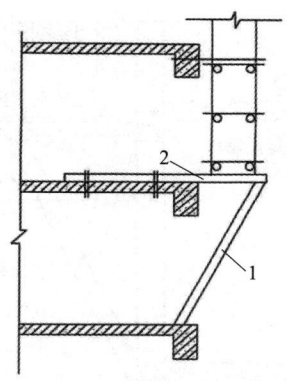

1—斜撑杆；2—悬挑梁。

图 2-3-5　斜撑式悬挑梁脚手架结构

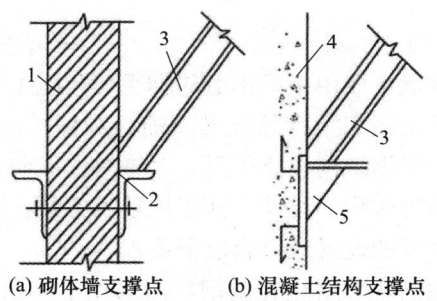

(a) 砌体墙支撑点　　　(b) 混凝土结构支撑点

1—墙体；2—角钢支托；3—斜撑；4—混凝土结构；5—托件。

图 2-3-6　斜撑式悬挑梁脚手架斜杆支撑点

(三) 三角桁架悬挑脚手架

三角桁架悬挑脚手架的支撑结构为型钢焊接加工而成的三角形挑架，如图 2-3-7 所示。此类脚手架比较适用于安装在剪力墙上，可以与型钢挑梁混合使用。

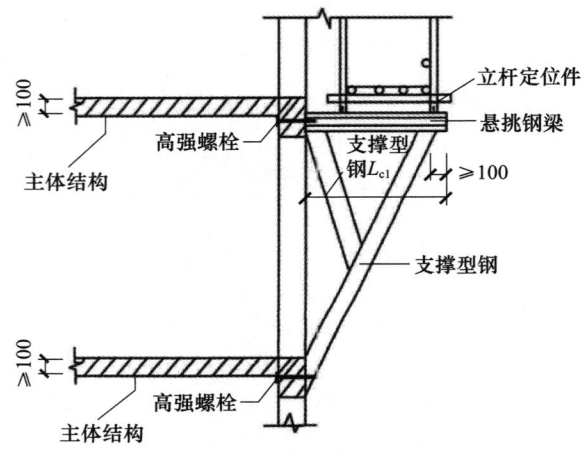

图 2-3-7 三角桁架悬挑脚手架结构

(四) 型钢悬挑梁

型钢悬挑梁主要用来承担上部脚手架及施工荷载。建筑施工工程中一般采用工字钢悬挑梁（轴心对称），不宜采用槽钢（易侧翻）。工字钢结构性能可靠，双轴对称截面，受力稳定性好，比其他型钢选购、设计、施工均较为方便。

型钢悬挑梁的设置应符合以下要求：

(1) 悬挑梁宜采用热轧型钢，当采用工字形截面型钢时，其截面高度不应小于160mm。

(2) 悬挑钢梁悬挑长度一般情况下不超过2m，局部悬挑长度不宜超过3m；固定段的长度不应小于悬挑段长度 L_c 的1.25倍；悬挑梁尾端锚固不少于两道，两道锚固件间距宜为200mm，锚固件距离悬挑梁尾部距离不宜小于200mm；悬挑式脚手架最外排立杆与悬挑梁端部距离不宜小于100mm，如图 2-3-8、图 2-3-9 所示。

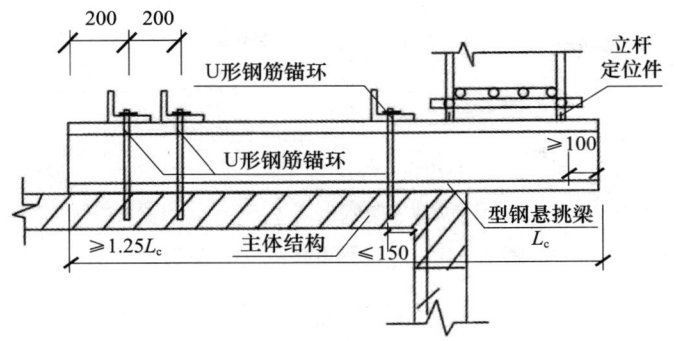

图 2-3-8 悬挑梁楼面构造

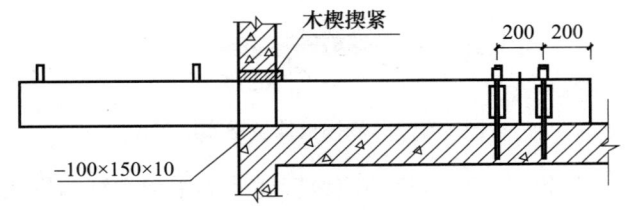

图 2-3-9 悬挑梁穿墙构造

（3）建筑转角处悬挑梁构造可按照以下做法进行布置：

① 多根悬挑梁位置重叠时，宜采用预制混凝土垫块可靠支承后相互跨越。

② 建筑物角部斜向悬挑梁端部应双向设置限位型钢，限位型钢截面高度与悬挑梁腹板高度相等，且与悬挑梁腹板用坡口形式可靠焊接，如图 2-3-10 所示。

③ 混凝土垫块厚度应与下层悬挑梁截面高度相同，长度不宜小于 400mm，宽度不宜小于 400mm，其混凝土强度等级不宜低于 C20 级；

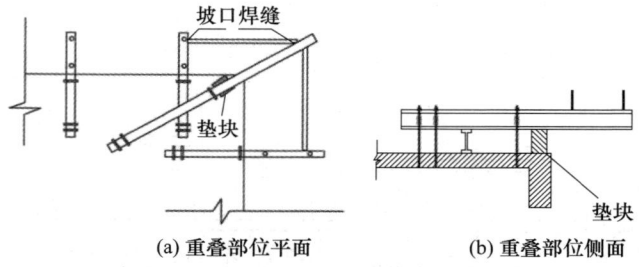

图 2-3-10 悬挑梁重叠部位构造做法

（4）悬挑梁不得由主体结悬挑板（阳台）、梁支承。

当悬挑段设置于建筑物悬挑构件上方时，应在锚固段梁底设置钢垫板，数量不小于 2 块，将悬挑梁架空，其构造如图 2-3-11 所示。钢垫板尺寸不宜大于 200mm×200mm×10mm。

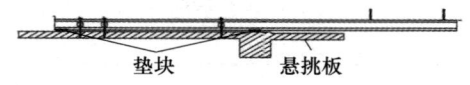

图 2-3-11 悬挑板处型钢梁做法

（5）型钢悬挑梁悬挑端应设置能使脚手架立杆与钢梁可靠固定的定位点，定位点离悬挑梁端部不应小于 100mm。

（6）悬挑梁间距应按悬挑架架体立杆纵距设置，每一纵距设置一根。

（五）U 形钢筋拉环与锚固螺栓

U 形钢筋拉环与锚固螺栓主要是用来锚固悬挑钢梁，使其保持稳定。U 形钢筋拉环与锚固螺栓的设置应符合以下要求：

（1）用于锚固悬挑梁的楼板厚度不宜小于 120mm。当锚固位置楼板厚度大于 120mm 时，可采用"埋入型"锚固结构；当锚固位置楼板厚度不大于 120mm 时，宜采用"穿板型"锚固结构。

(2)"埋入型"锚固结构的U形钢筋拉环或锚固螺栓应预埋至混凝土梁、板底层钢筋位置,并应与混凝土梁、板底层钢筋焊接或绑扎牢固,其锚固长度应符合现行国家标准《混凝土结构设计规范》(GB 50010)中钢筋锚固的规定。用于锚固的U形钢筋拉环或螺栓应采用HPB300钢筋制作并冷弯成型,且直径不小于16mm。

(3)"穿板型"锚固结构需在楼板对应位置预留孔洞下方垫板尺寸应根据悬挑梁的尺寸确定,厚度不宜小于5mm,锚固螺栓直径不宜小于18mm,如图2-3-12所示。

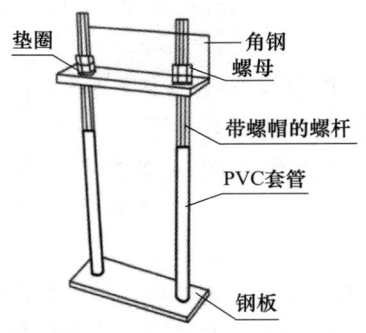

图2-3-12 穿板型螺栓锚固构造

(六)斜拉钢丝绳与拉结吊环

悬挑脚手架中常用钢丝绳来吊拉悬挑梁尾端。悬挑式脚手架中悬挑钢丝绳在计算模型中不参与受力计算,只是作为一种安全储备。斜拉钢丝绳与拉结吊环的设置应符合以下要求:

(1)在悬挑梁与钢丝绳的吊拉位置应焊接钢筋拉环,钢丝绳可通过钢筋拉环与悬挑梁前端连接。拉环应绕过钢梁上翼缘板焊接固定于腹板两侧,上部超过悬挑顶面长度宜为30~50mm,焊接位置距悬挑梁端部不小于100mm。

(2)钢丝绳可采用预埋吊环与建筑结构进行拉结。吊环预埋锚固长度应符合现行国家标准《混凝土结构设计规范》(GB 50010)中钢筋锚固的规定，如图 2-3-13 所示。

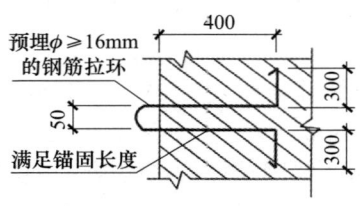

图 2-3-13 吊环的预埋

(3) 钢筋拉环和预埋吊环应采用 HPB300 级钢筋制作，直径不宜小于 20mm。

(4) 斜拉钢丝绳直径不应小于 14mm，钢丝绳卡不得少于 3 个，钢丝绳与悬挑梁端部夹角不应小于 45°。绳卡间距应符合规定要求，并应将绳卡的鞍座放在钢丝绳承力端一边，U 形环放在钢丝绳末端一边，严禁正反排列。绳卡的设置如图 2-3-14 所示。

(5) 斜拉钢丝绳宜设有保证其与悬挑梁协同工作的花篮螺栓，其位置宜布在沿钢丝绳方向离悬挑端拉环 1m 处的位置。

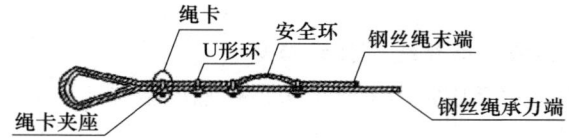

图 2-3-14 钢丝绳绳卡设置

三、架体构件

悬挑脚手架的架体通常采用钢管脚手架结构，并以扣件式钢管脚手架最为常见，其构件包括立杆、纵横向水平杆、剪刀撑与斜撑、连墙件、脚手板、安全网等。悬挑脚手架的架体构造应符合以下要求：

（1）立杆的纵距和横距、水平杆的步距以及所有杆件的设置和连接方式应符合相关钢管脚手架的规定。

（2）悬挑架的外立面应自下而上连续设置剪刀撑；架体的转角部位以及中间每隔 6 跨距设置一道横向斜撑。

（3）连墙件宜按"二步二跨"或"二步三跨"设置，如图 2-3-15 所示。连墙件应从第一步架开始设置。当第一步架设置有困难时，应采取其他可靠措施固定悬挑架。连墙件的做法可按照扣件式钢管脚手架中连墙件的设置要求进行。

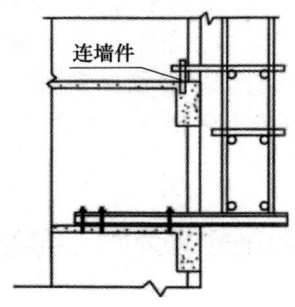

图 2-3-15　连墙件设置

（4）悬挑架架体外围应用安全立网全封闭，并应按要求挂设安全平网，设置脚手板和防护栏杆。

第三章 碗扣式钢管脚手架

碗扣式钢管脚手架是指节点采用碗扣方式连接的钢管脚手架,这种脚手架主要由钢管立杆、横杆、碗扣接头等组成。其基本构造和搭设要求与扣件式钢管脚手架类似,不同之处主要在于碗扣接头。碗扣接头是由上碗扣、下碗扣、横杆接头和上碗扣的限位销等组成。在立杆上焊接下碗扣和上碗扣的限位销,将上碗扣套入立杆内。在横杆和斜杆上焊接插头。组装时,将横杆和斜杆插入下碗扣内,压紧后旋转上碗扣,利用限位销固定上碗扣。

第一节 碗扣式钢管脚手架的主要特点

碗扣式钢管脚手架也称为多功能碗扣型脚手架,这是一种新型的承插式钢管脚手架。这种脚手架最独特之处是有带齿碗扣接头,具有拼拆迅速省力、结构稳定可靠、配备比较完善、通用性很强、承载力较大、安全可靠、易于加工、不易丢失、便于管理、易于运输、应用广泛等特点,曾是我国在"九五"期间十项重点推广新技术之一。

一、碗扣式钢管脚手架的性能特点

根据工程实践充分证明,碗扣式钢管脚手架具有以下性能特点。

(一)多功能

碗扣式钢管脚手架可以根据施工要求,组成模数 0.5m、

0.6m 的多种组架尺寸和荷载的单排脚手架、双排脚手架、支撑架、支撑柱、物料提升架、爬升脚手架等多功能的施工设备，并能曲线形布置，布架场地不需要进行大面积的平整。

（二）接头拼拆速度快

由于脚手架连接采用了碗扣接头，避免了扣件螺栓复杂的人工操作，只用一把铁锤即可进行安装和拆卸作业，安装和拆卸的速度比扣件式钢管脚手架快 5 倍以上。

（三）大大减轻劳动强度

由于碗扣式钢管脚手架完全取消了螺栓作业，工人不必以很大的精力进行脚手架的安装和拆卸，只需一把铁锤即可完成全部作业，劳动强度大大减轻。

（四）接头强度高、安全可靠

接头采用独特的碗扣式，经试验和使用证明，它具有极佳的抗剪、抗弯、抗扭能力，比其他类型的钢管脚手架的结构强度提高 50% 以上。由于接头具有可靠的自锁能力，整架配备有较完整的安全保障设施，所以使用安全可靠（图 3-1-1）。

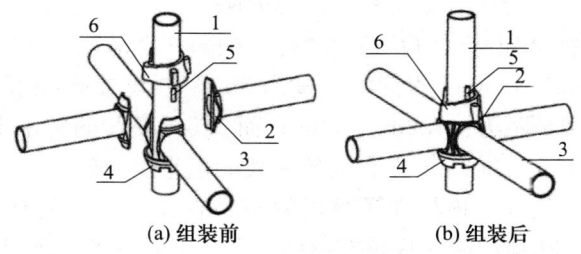

(a) 组装前　　　　　　(b) 组装后

1—立杆；2—水平杆接头；3—水平杆；4—下碗扣；5—限位销；6—上碗扣。

图 3-1-1　碗扣接头

（五）维护非常简单

构件为不易丢失的扣件，构配件轻便、牢固，不怕一般的锈蚀，所以日常的维护非常简单，运输紧凑方便。

二、碗扣式钢管脚手架的构造特点

碗扣式钢管脚手架的核心部件是碗扣接头,这种新型接头由上下碗扣、横杆接头和上碗扣的限位销等组成。这种脚手架具有结构简单、杆件全部轴向连接、力学性能好、接头构造合理、工作安全可靠、拆装非常方便、操作比较容易、零部件损耗低等特点。

碗扣式钢管脚手架的杆配件按其用途不同,可分为主构件、辅助构件和专用构件三类。

(一) 主构件

主构件是用以构成脚手架主体的部件,主要包括立杆、顶杆、横杆、斜杆和底座等。如果将立杆和顶杆相互配合接长使用,就可以构成任意高度的脚手架。在立杆接长时,接头应相互错开,至顶层后再用两种长度的顶杆找平。

(1) 立杆。立杆是脚手架中的主要受力杆件,立杆碗扣节点间距有 0.6m 和 0.5m 两种模数设置。当采取 0.6m 模数设置时,立杆钢管材质应为 Q235 级钢;当采取 0.5m 模数设置时,钢管材质应为 Q345 级钢。立杆一般采用公称尺寸为 $\phi 48.3mm \times 3.5mm$ 的钢管。按 0.6m 模数设置碗扣节点间距时,常用步距为:1.2m、1.8m;而 0.5m 模数的常用步距为:1.0m、1.5m 和 2.0m。作为脚手架的垂直承力杆件。

(2) 顶杆。顶杆即顶部的立杆,在顶端设有立杆的连接管,以便在顶端插入托撑或可调托撑。主要用于支撑架、支撑柱、物料提升架等的顶部。顶杆有 2.1m、1.5m 和 0.9m 三种长度规格,它与立杆配合可以构成任意高度的支撑架。

(3) 横杆。横杆是一定长度外径 48mm、壁厚 3.5mm 的钢管两端焊接横杆接头制成,用于立杆横向连接杆件,或框架水平承力杆。横杆有 1.8m、1.5m、1.2m、0.9m、0.6m 和 0.3m 等六种长度规格。

(4) 斜杆。斜杆是为增强脚手架的稳定强度,提高脚手架的承载力而设计的系列杆件,在外径 48mm、壁厚 2.2mm 钢管两端锄接斜杆接头制成,斜杆的接头可以转动,同横杆接头一样可装在下碗扣内,形成节点斜杆。

(5) 底座。底座是安装在立杆的根部,防止立杆沉入地基,并将上部荷载分散传递给地基基础的构件,有垫座、立杆粗细调座和立杆可调座三种。一般可由 150mm×150mm×8mm 的钢板在中心焊接连接杆制成。

(二) 辅助构件

辅助构件是指用于作业面及附壁拉结等的杆部件,如用于作业面的间横杆、连墙杆、脚手板、斜道板、挡脚板、挑梁、架梯等;用于连接的立杆连接销、直角销、连接撑等;用于其他用途的立杆托撑、立杆可调撑、安全网支架等。

(三) 专用构件

专用构件是指专门用的杆部件,这类构件主要有支撑柱垫座、支撑柱可调座、提升滑轮、悬挑架、爬升挑架等。

第二节 碗扣式钢管脚手架构配件要求

碗扣式钢管脚手架立杆的碗扣节点应由上碗扣、下碗扣、水平杆接头和限位销等构配件构成。这些构配件在脚手架使用的过程中起着非常重要的作用,不仅关系到脚手架整体的稳定性和施工人员的安危,而且关系到建筑工程的施工进度、工程造价和工程质量。

根据现行建筑工程行业标准《建筑施工碗扣式脚手架安全技术规范》(JGJ 166) 中的规定,碗扣式脚手架构配件材料与制作应符合以下要求。

一、构配件的杆件模数要求

（1）立杆碗扣节点间距，对 Q235 级材质钢管立杆宜按 0.6m 模数设置；对 Q345 级材质钢管立杆宜按 0.5m 模数设置。水平杆长度宜按 0.3m 模数设置。

（2）碗扣式钢管脚手架主要构配件种类和规格，宜符合现行行业标准《建筑施工碗扣式脚手架安全技术规范》（JGJ 166）附录 A 的规定。

二、构配件所用材质要求

（1）钢管应采用现行国家标准《直缝电焊钢管》（GB/T 13793）或《低压流体输送用焊接钢管》（GB/T 3091）中规定的普通钢管，其材质应符合下列规定：

① 水平杆和斜杆钢管材质应符合现行国家标准《碳素结构钢》（GB/T 700）中 Q235 级钢的规定。

② 当碗扣节点间距采用 0.6m 模数设置时，立杆钢管的材质应符合现行国家标准《碳素结构钢》（GB/T 700）中 Q235 级钢的规定。

③ 当碗扣节点间距采用 0.5m 模数设置时，立杆钢管的材质应符合现行国家标准《碳素结构钢》（GB/T 700）及《低合金高强度结构钢》（GB/T 1591）中 Q345 级钢的规定。

（2）当上碗扣采用碳素铸钢或可锻铸铁铸造时，其材质应分别符合现行国家标准《一般工程用铸造碳钢件》（GB/T 11352）中 ZG270-500 牌号和《可锻铸铁件》（GB/T 9440）中 KTH350-10 牌号的规定；采用锻造成型时，其材质不应低于现行国家标准《碳素结构钢》（GB/T 700）中 Q235 级钢的规定。

（3）当下碗扣采用碳素铸钢铸造时，其材质应分别符合现行国家标准《一般工程用铸造碳钢件》（GB/T 11352）中

ZG270-500 牌号的规定。

（4）当水平杆接头和斜杆接头采用碳素铸钢铸造时，其材质应分别符合现行国家标准《一般工程用铸造碳钢件》（GB/T 11352）中 ZG270-500 牌号的规定。当水平杆接头采用锻造成型时，其材质不应低于现行国家标准《碳素结构钢》（GB/T 700）中 Q235 级钢的规定。

（5）上碗扣和水平杆接头不得采用钢板冲压成型。当下碗扣采用钢板冲压成型时，其材质不应低于现行国家标准《碳素结构钢》（GB/T 700）中 Q235 级钢的规定，板材厚度不得小于 4mm，并应经 600~650℃ 的时效处理，严禁利用废旧锈蚀钢板改制。

（6）对可调托撑及可调底座，当采用实心螺杆时，其材质应符合现行国家标准《碳素结构钢》（GB/T 700）中 Q235 级钢的规定；当采用空心螺杆时，其材质应符合现行国家标准《结构用无缝钢管》（GB/T 8162）中 20 号无缝钢管的规定。

（7）可调托撑及可调底座调节螺母铸件应采用碳素铸钢或可锻铸铁，其材质应分别符合现行国家标准《一般工程用铸造碳钢件》（GB/T 11352）中 ZG270-450 牌号和《可锻铸铁件》（GB/T 9440）中 KTH350-08 牌号的规定。

（8）可调托撑 U 形托板和可调底座垫板应采用碳素结构钢，其材质应符合现行国家标准《碳素结构钢和低合金结构钢热轧厚钢板和钢带》（GB/T 3274）中 Q235 级钢的规定。

（9）扣件材质应符合现行国家标准《钢管脚手架扣件》（GB 15831）的规定。

（10）脚手板的材质应符合下列规定：

① 脚手板可采用钢、木材料制作，单块脚手板的质量不宜大于 30kg。

② 钢脚手板材质应符合现行国家标准《碳素结构钢》

（GB/T 700）中 Q235 级钢的规定；冲压钢脚手板的钢板厚度不宜小于 1.5mm，板面冲孔内切圆直径应小于 25mm。

③ 木脚手板材质应符合现行国家标准《木结构设计标准》（GB 50005）中 Ⅱa 级的材质的规定；脚手板厚度不应小于 50mm，两端宜各设直径不小于 4mm 的镀锌钢丝箍两道。

三、构配件的制作质量要求

（1）钢管宜采用公称尺寸为 $\phi 48.3\text{mm} \times 3.5\text{mm}$ 的钢管，其外径允许偏差应为 ±0.5mm，壁厚偏差不应为负偏差。

（2）立杆接长当采用外插套时，外插套管的壁厚不应小于 3.5mm；当采用内插套时，内插套管的壁厚不应小于 3.0mm。插套长度不应小于 160mm，焊接端插入长度不应小于 60mm，外伸长度不应小于 110mm，插套与立杆钢管间的间隙不应大于 2mm。

（3）钢管应保持平直的状态，钢管弯曲度允许偏差为 2mm/m。

（4）立杆碗扣节点间距的允许偏差应为 ±1.0mm。

（5）水平杆曲板接头弧面轴心线与水平杆轴心线的垂直度允许偏差应为 1.0mm。

（6）下碗扣碗口平面与立杆轴线的垂直度允许偏差应为 1.0mm。

（7）焊接应在专用工作平台上进行，焊缝应符合现行国家标准《钢结构工程施工质量验收标准》（GB 50205）中三级焊缝的规定。

（8）可调托撑及可调底座的质量应符合下列要求：

① 调节螺母的厚度不得小于 30mm。

② 螺杆的外径不得小于 38mm，空心螺杆的壁厚不得小于 5mm，螺杆直径与螺距应符合现行国家标准《梯形螺纹 第 2 部分：直径与螺距系列》（GB/T 5796.2）和《梯形螺纹 第

3 部分：基本尺寸》（GB/T 5796.3）的规定。

③ 螺杆与调节螺母啮合长度不得少于 5 扣。

④ 可调托撑 U 形托板厚度不得小于 5mm，弯曲变形不应大于 1mm，可调底座垫板的厚度不得小于 6mm；螺杆与托板或垫板应焊接牢固，焊脚尺寸不应小于钢板厚度，并宜设置加劲板。

（9）构配件外观质量应符合下列规定：

① 钢管应平直光滑，不得有裂纹、锈蚀、分层、结疤或毛刺等缺陷，立杆不得采用横断面接长的钢管。

② 铸造件表面应平整，不得有砂眼、缩孔、裂纹或浇冒口残余等缺陷，表面粘砂应清除干净。

③ 冲压件不得有毛刺、裂纹、氧化皮等缺陷。

④ 焊缝应饱满，焊药应清除干净，不得有未焊透、夹砂、咬肉、裂纹等缺陷。

⑤ 构配件表面应涂刷防锈漆或进行镀锌处理，涂层应均匀、牢靠，表面应光滑，在连接处不得有毛刺、滴瘤和多余结块。

（10）脚手架所用的主要构配件应有生产厂标识。

（11）构配件应具有良好的互换性，应能满足各种施工工况下的组架要求，并应符合下列规定。

① 立杆的上碗扣应能上下窜动、转动灵活，不得有卡滞现象。

② 立杆与立杆的连接孔处应能插入 $\phi 10mm$ 的连接销。

③ 碗扣节点上在安装 1～4 个水平杆时，上碗扣应能锁紧。

④ 当搭设不少于二步三跨 1.8m×1.8m×1.2m（步距×纵距×横距）的整体脚手架时，每一框架内立杆的垂直度偏差应小于 5mm。

(12) 主要构配件极限承载力性能指标应符合下列要求：
① 上碗扣沿水平杆方向受拉承载力不应小于 30kN。
② 下碗扣组焊后沿立杆方向剪切承载力不应小于 60kN。
③ 水平杆接头沿水平杆方向剪切承载力不应小于 50kN。
④ 水平杆接头焊接剪切承载力不应小于 25kN。
⑤ 可调底座受压承载力不应小于 100kN。
⑥ 可调托撑受压承载力不应小于 100kN。

(13) 构配件每使用一个安装、拆除周期后，应及时检查、分类、维护、保养，对不合格品应及时报废。

第三节　碗扣式钢管脚手架的构造要求

碗扣式钢管脚手架搭设时，其构造是否符合设计和现行规范的要求，不仅影响脚手架的使用功能，而且影响使用者的人身安全。在现行行业标准《建筑施工碗扣式钢管脚手架安全技术规范》(JGJ 166) 中，对碗扣式脚手架的构造有具体规定，必须按照要求进行搭设。

一、碗扣式钢管双排脚手架的构造

碗扣式钢管双排脚手架具有承载力大，施工效率高和节点安全可靠等优点。近年来，在各种建筑和桥梁工程施工中，碗扣式钢管双排脚手架与模板支撑体系得到了广泛的应用。在设计和搭设碗扣式钢管双排脚手架时，其构造应符合现行行业标准《建筑施工碗扣式钢管脚手架安全技术规范》(JGJ 166) 中的规定。

(1) 当设置二层装修作业层、二层作业脚手板、外挂密目安全网封闭时，常用碗扣式钢管双排脚手架结构的设计尺寸和架体允许搭设高度宜符合表 3-3-1 的规定。

第三章 碗扣式钢管脚手架

表 3-3-1 碗扣式钢管双排脚手架结构的设计尺寸（m）

连墙件设置	步距 h	横距 l_b	纵距 l_a	脚手架允许搭设高度 [H] 基本风压值 W_0 (kN/m²)		
				0.4	0.5	0.6
二步二跨	1.8	0.9	1.5	48	40	34
		1.2	1.2	50	44	40
	2.0	0.9	1.5	50	45	42
		1.2	1.2	50	45	42
三步三跨	1.8	0.9	1.2	30	23	18
		1.2	1.2	26	21	17

注：表中架体允许搭设高度的取值基于下列条件：
① 计算风压高度变化系数时，按地面粗糙度为C类采用；
② 装修作业层施工荷载标准值按 2.0kN/m² 采用，脚手板自重标准值按 0.35kN/m² 采用；
③ 作业层横向水平杆间距按不大于立杆纵距的1/2设置；
④ 当基本风压值、地面粗糙度、架体设计尺寸和脚手架用途及作业层数与上述条件不相符时，架体允许搭设高度应另行计算确定。

（2）双排脚手架的搭设高度不宜超过50m；当搭设高度超过50m时，应采用分别搭设等措施。

（3）当双排脚手架按曲线布置进行组架时，应按施工方案中曲率要求使用不同长度的内外水平杆组架，曲率半径应大于2.4m。

（4）当双排脚手架拐角为直角时，宜采用水平杆直接组架，如图3-3-1（a）所示；当双排脚手架拐角为非直角时，可采用钢管扣件组架，如图3-3-1（b）所示。

（5）双排脚手架立杆顶端防护栏杆宜高出作业层1.5m。

（6）双排脚手架应设置竖向斜撑杆（双排脚手架斜撑杆设置如图3-3-2所示），并应符合下列规定：

① 竖向斜撑杆应采用专用外斜杆，并应设置在有纵向及横向水平杆的碗扣节点上。

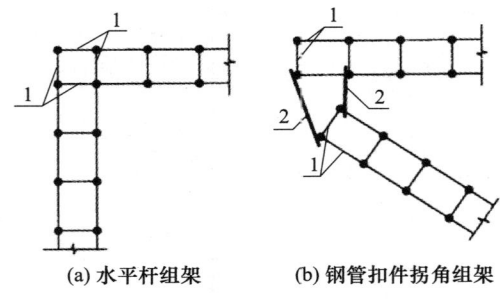

(a) 水平杆组架　　(b) 钢管扣件拐角组架

1—水平杆；2—钢管扣件。
图 3-3-1　双排脚手架组架

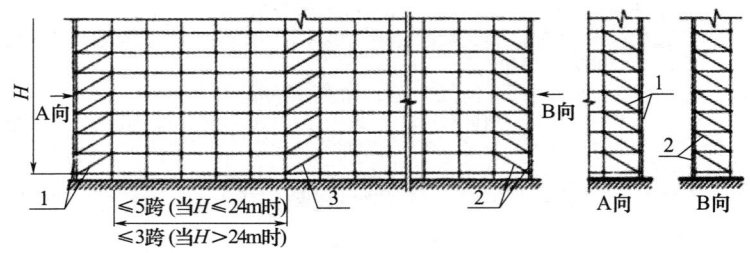

1—拐角竖向斜撑杆；2—端部竖向斜撑杆；3—中间竖向斜撑杆。
图 3-3-2　双排脚手架斜撑杆设置

② 在双排脚手架的转角处、开口型双排脚手架的端部应各设置一道竖向斜撑杆。

③ 当架体的高度在 24m 以下时，应每隔不大于 5 跨设置一道竖向斜撑杆；当架体搭设高度在 24m 及以上时，应每隔不大于 3 跨设置一道竖向斜撑杆；相邻斜撑杆宜对称八字形设置。

④ 每道竖向斜撑杆应在双排脚手架外侧相邻立杆间由底至顶按步连续设置。

⑤ 当斜撑杆临时拆除时，拆除前应在相邻立杆间设置相

同数量的斜撑杆。

(7) 当采用钢管扣件剪刀撑代替竖向斜撑杆时（双排脚手架剪刀撑设置如图 3-3-3 所示），应符合下列规定：

① 当架体搭设高度在 24m 以下时，应在架体的两端、转角及中间间隔不超过 15m 处，各设置一道竖向剪刀撑［图 3-3-3（a）］；当架体搭设高度在 24m 及以上时，应在架体外侧全立面连续设置竖向剪刀撑［图 3-3-3（b）］。

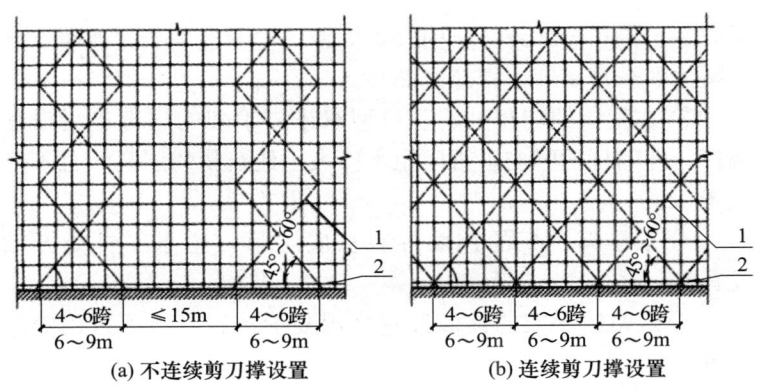

1—竖向剪刀撑；2—扫地杆。

图 3-3-3 双排脚手架剪刀撑设置

② 每道剪刀撑的宽度应为 4～6 跨，且不应小于 6m，也不应大于 9m。

③ 每道竖向剪刀撑应由底至顶连续设置。

(8) 当双排脚手架高度在 24m 以上时，顶部 24m 以下所有的连墙杆设置层应连续设置之字形水平斜撑杆，水平斜撑杆应设置在纵向水平杆之下（图 3-3-4）。

(9) 双排脚手架连墙杆的设置应符合下列规定：

① 连墙杆应采用能承受压力和拉力的构造，并应与建筑结构和架体连接牢固。

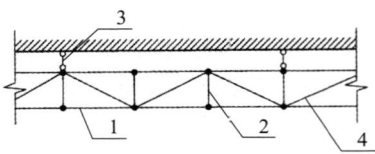

1—纵向水平杆；2—横向水平杆；3—连墙件；4—水平斜撑杆。
图 3-3-4　水平斜撑杆设置

② 同一层连墙杆应设置在同一水平面，连墙点的水平投影间距不得超过 3 跨，竖向垂直间距不得超过 3 步，连墙点之上架体的悬臂高度不得超过 2 步。

③ 在架体的转角处、开口型双排脚手架的端部应增设连墙杆，连墙杆的竖向垂直间距不应大于建筑物的层高，且不应大于 4m。

④ 双排脚手架的连墙件宜从底层第一道水平杆处开始设置。

⑤ 双排脚手架的连墙件宜采用菱形布置，也可采用矩形布置。

⑥ 双排脚手架的连墙件宜呈水平设置，也可采用连墙端高于架体端的倾斜设置方式。

⑦ 双排脚手架的连墙件应设置在靠近有横向水平杆的碗扣节点处，当采用钢管扣件做连墙件时，连墙件应与立杆连接，连接点距架体碗扣主节点距离不应大于 300mm。

⑧ 当双排脚手架下部暂不能设置连墙件时，应采取可靠的防倾覆措施，但无连墙件的最大高度不得超过 6m。

（10）双排脚手架应按照现行行业标准《建筑施工碗扣式钢管脚手架安全技术规范》（JGJ 166）第 6.1.5 条的规定设置作业层。架体外侧全立面应采用密目安全网进行封闭。

（11）双排脚手架内立杆与建筑物距离不宜大于 150mm；当双排脚手架内立杆与建筑物距离大于 150mm 时，应采用脚手板或安全平网封闭。当选用窄挑梁或宽挑梁设置作业平台时，挑梁应单层挑出，严禁增加层数。

（12）当双排脚手架设置门洞时，应在门洞上部设桁架托梁，门洞两侧立杆应对称加设竖向斜撑杆或剪刀撑。双排外脚手架门洞设置如图 3-3-5 所示。

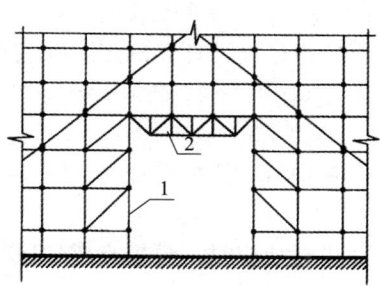

1—双排脚手架；2—桁架托梁。
图 3-3-5　双排外脚手架门洞设置

二、碗扣式脚手架模板支撑架构造

（1）碗扣式脚手架模板支撑架的搭设高度不宜超过 30m。当超过 30m 时，应另外设计，或采取其他形式的支撑结构。

（2）模板支撑架每根立杆的顶部应设置可调托撑。当被支撑的建筑结构底面存在坡度时，应随坡度调整架体高度，可利用立杆碗扣节点位差增设水平杆，并应配合可调托撑进行调整。

（3）立杆顶端可调托撑伸出顶层水平杆的悬臂长度不应超过 650mm。可调托撑和可调底座螺杆插入立杆的长度不应小于 150mm，伸出立杆的长度不应大于 200mm（立杆钢管直径为 42mm 时）或伸出立杆的长度不应大于 500mm（立杆钢管直径为 48.3mm 及以上时），安装时其螺杆应与立杆钢管上下同心，且螺杆外径与立杆钢管内径的间隙不应大于 2.5mm。

（4）可调托撑上主棱支撑梁应居中设置，接头宜设置在 U

形托板上，同一断面上主棱支撑梁接头数量不应超过 50％。

（5）水平杆步距应通过设计计算确定，并应符合下列规定：

① 水平杆步距应通过立杆碗扣节点间距均匀设置。

② 当立杆采用 Q235 级材质钢管时，步距不应大于 1.8m。

③ 当立杆采用 Q345 级材质钢管时，步距不应大于 2.0m。

（6）立杆间距应通过设计计算确定，并应符合下列规定：

① 当立杆采用 Q235 级材质钢管时，立杆间距不应大于 1.5m。

② 当立杆采用 Q345 级材质钢管时，立杆间距不应大于 1.8m。

（7）当为既有建筑结构时，模板支撑架应与既有建筑结构可靠连接，并应符合下列规定：

① 连接点竖向间距不宜超过 2 步，并应与水平杆同层设置。

② 连接点竖向间距不宜大于 8m。

③ 连接点至架体碗扣主节点的距离不宜大于 300mm。

④ 当遇有柱子时，宜采用抱箍式连接措施。

⑤ 当架体两端均有墙体或边梁时，可设置水平杆与墙或梁顶紧。

（8）模板支撑架应设置竖向斜撑杆，并应符合下列规定：

① 安全等级为Ⅰ级的模板支撑架应在架体周边、内部纵向和横向每隔 4～6m 各设置一道竖向斜撑杆；安全等级为Ⅱ级的模板支撑架应在架体周边、内部纵向和横向每隔 6～9m 各设置一道竖向斜撑杆，如图 3-3-6（a）、图 3-3-7（a）所示。

② 每道竖向斜撑杆可沿架体纵向和横向每隔不大于两跨在相邻立杆间由底至顶连续设置如图 3-3-6（b）所示；也可沿架体竖向每隔不大于 2 步距采用八字形对称设置如图 3-3-7（b）所示，或采用等覆盖率的其他设置方式。

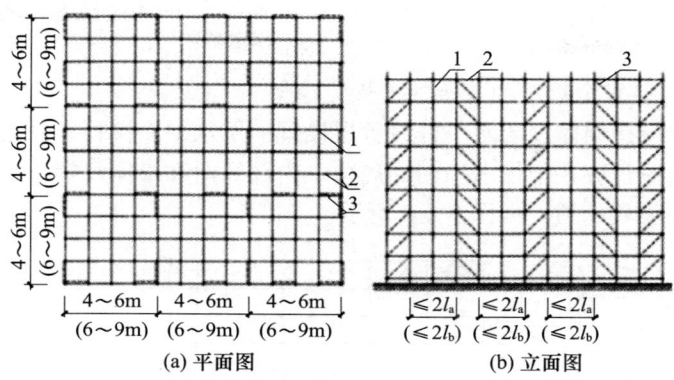

1—立杆；2—水平杆；3—竖向斜撑杆。

图 3-3-6　竖向斜撑杆布置（一）

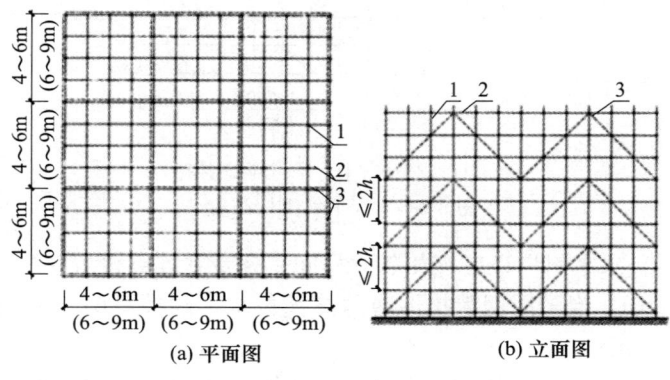

1—立杆；2—水平杆；3—竖向斜撑杆。

图 3-3-7　竖向斜撑杆布置（二）

（9）当采用钢管扣件剪刀撑代替竖向斜撑杆时，应符合下列规定：

① 安全等级为Ⅰ级的模板支撑架。

应在架体顶层水平杆设置层、竖向每隔不大于 8m 设置一层水平斜撑杆；每层水平斜撑杆应在架体水平面的周边、内部纵向和横向每隔不大于 8m 设置一道。

② 安全等级为Ⅱ级的模板支撑架。

应在架体顶层水平杆设置层设置一层水平斜撑杆；每层水平斜撑杆应在架体水平面的周边、内部纵向和横向每隔不大于 12m 设置一道，如图 3-3-8 所示。

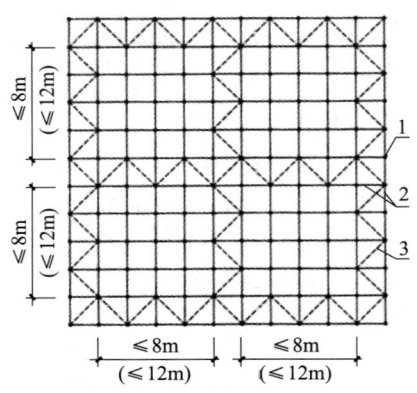

1—立杆；2—水平杆；3—竖向斜撑杆。
图 3-3-8　水平斜撑杆布置

③ 水平斜撑杆应在相邻立杆间呈条带状连续设置。

（10）当采用钢管扣件剪刀撑代替水平斜撑杆时，应符合下列规定：

① 安全等级为Ⅰ级的模板支撑架应在架体顶层水平杆设置层、竖向每隔不大于 8m 设置一层水平剪刀撑。

② 安全等级为Ⅱ级的模板支撑架应在架体顶层水平杆设置层设置一层水平剪刀撑。

③ 每道水平剪刀撑应连续设置，剪刀撑的宽度宜为 6～9m。

（11）当模板支撑架同时满足下列条件时，可不设置竖向及水平向的斜撑杆和剪刀撑。

① 模板支撑架的搭设高度小于 5m，架体高宽比小于 1.5。

② 被支撑结构自重面荷载标准值不大于 $5kN/m^2$，线荷载标准值不大于 $8kN/m$。

③ 架体按照现行行业标准《建筑施工碗扣式钢管脚手架安全技术规范》（JGJ 166）第 6.3.7 条的构造要求与既有建筑结构进行可靠连接。

④ 脚手架场地地基坚实、均匀，完全满足承载力要求。

(12) 独立的模板支撑架高宽比不宜大于 3；当高宽比大于 3 时，应采取下列加强措施：

① 将架体超出顶部加载区投影范围向外延伸布置 2～3 跨，将下部架体的尺寸扩大。

② 按照现行行业标准《建筑施工碗扣式钢管脚手架安全技术规范》（JGJ166）第 6.3.7 条的构造要求与既有建筑结构进行可靠连接。

③ 当无建筑结构进行可靠连接时，宜在架体上对称设置缆风绳或采取其他防倾覆措施。

(13) 桥梁模板支撑架顶面四周应设置作业平台，作业层的宽度不应小于 900mm，并应符合现行行业标准《建筑施工碗扣式钢管脚手架安全技术规范》（JGJ 166）第 6.1.5 条的规定。

(14) 当模板支撑架设置门洞时（图 3-3-9），应符合下列规定：

① 门洞净高不宜大于 5.5m，净宽不宜大于 4.0m；当需设置的机动车道净宽大于 4m 或与上部支撑的混凝土梁体中心线斜交时，应采用梁柱式门洞结构。

② 通道上部应架设转换梁，横梁设置应经过设计计算确定。

③ 横梁下立杆的数量和间距应由计算确定，且立杆不应

少于 4 排,每排横距不应大于 300mm。

④ 横梁下立杆应与相邻架体连接牢固,横梁下立杆斜撑杆或剪刀撑应加密设置。

⑤ 横梁下立杆应采用扩大基础,基础应满足防撞要求。

⑥ 转换横梁和立杆之间应设置纵向分配梁和横向分配梁。

⑦ 门洞顶部应采用木板或其他硬质材料全封闭,两侧应设置防护栏杆和安全网。

⑧ 对通行机动车的洞口、门洞净空应满足既有道路通行的安全界限要求,且应按规定设置导向、限高、限宽、减速、防撞等设施及标识。

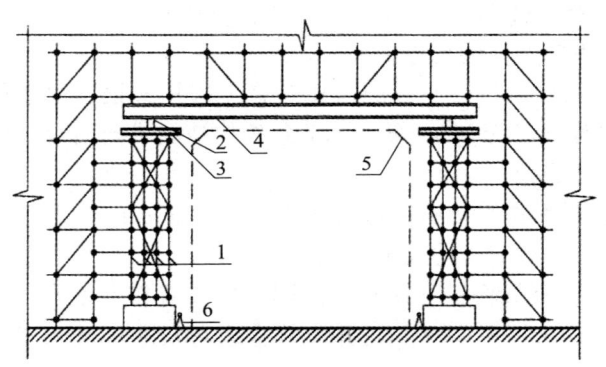

1—加密立杆;2—纵向分配梁;3—横向分配梁;4—转换横梁;
5—门洞净空(仅车行通道有此要求);6—警示及防撞设施(仅用于车行通道)。

图 3-3-9　模板支撑架门洞设置

第四章　承插型盘扣式钢管脚手架

承插型盘扣式钢管脚手架曾有多种称谓，有称之为圆盘式钢管脚手架、菊花盘式钢管脚手架、插盘式钢管脚手架、轮盘式钢管脚手架、扣盘式钢管脚手架以及十字盘式钢管脚手架等，本教材统一称为承插型盘扣式钢管脚手架，主要由立杆及横杆、斜杆构成，立杆上的连接盘有八个孔，四个小孔为横杆专用，四个大孔为斜杆专用。横杆、斜杆的连接方式均为插销式，可以确保杆件与立杆牢固连接，常见形式如图 4-1 所示，用途可分为支撑脚手架和作业脚手架。

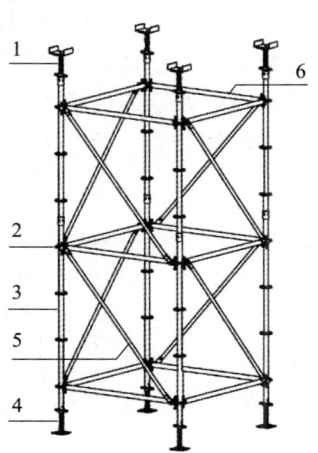

1—可调托撑；2—盘扣节点；3—立杆；4—可调底座；
5—竖向斜杆；6—水平杆。
图 4-1　承插型盘扣式钢管脚手架

承插式脚手架的主要特点为：①技术先进；②原材料升级；③热镀锌工艺；④可靠的品质；⑤承载力大。

主要的核心优势为：①安全稳固；②搭拆效率高，节省工期；③形象美观、提升工程形象；④无零配件丢失，杆件不易损坏；⑤可搭设多功能脚手架。

第一节　脚手架材料

承插式脚手架根据立杆外径大小，脚手架可分为标准型和重型，其中标准型（B型）脚手架的立杆钢管外径应为 48.3mm；重型（Z型）脚手架的立杆钢管外径应为 60.3mm。本条规定了承插型盘扣式钢管脚手架杆件材料及制作质量应符合行业标准《承插型盘扣式钢管支架构件》（JG/T 503）的规定。主要构配件有钢管立杆（包括连接盘和竖向连接管）、水平杆（包括扣接头、插销）、斜杆（包括扣接头、插销）、立杆连接杆和连接销、可调底座（垫板）、可调托撑和脚手板等。

盘扣节点是承插式脚手架系统的核心部件，它由焊接于立杆上的连接盘、水平杆杆端扣接头和斜杆杆端扣接头等组成，如图 4-1-1 所示。

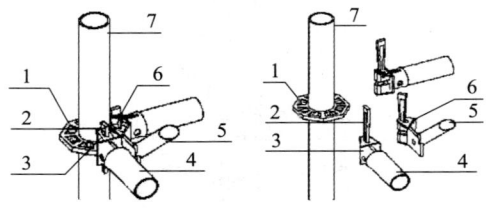

1—连接盘；2—插销；3—水平杆杆端扣接头；
4—水平杆；5—斜杆；6—斜杆杆端扣接头；7—立杆。

图 4-1-1　盘扣节点

一、构配件材质

（1）承插型盘扣式钢管支架的构配件除有特殊要求外，其材质应符合现行国家标准《低合金高强度结构钢》（GB/T 1591）、《碳素结构钢》（GB/T 700）以及《一般工程用铸造碳钢件》（GB/T 11352）的规定，各类支架主要构配件材质应符合（GB/T 11352）中表 3.2.1 的规定。

（2）连接盘、扣接头、插销以及可调螺母的调节手柄采用碳素铸钢制造时，其材料机械性能不得低于现行国家标准《一般工程用铸造碳钢件》（GB/T 11352）中牌号为 ZG230-450 的屈服强度、抗拉强度、延伸率的要求。

二、底座与托座

底座是安装在立杆底端可以调节高度的构件，有效长度 300mm，整体热镀锌处理，如图 4-1-2（a）所示。

托座是安装在立杆顶端可调节高度的顶托，有效长度 450mm，整体热镀锌处理，如图 4-1-2（b）所示。可调底座和可调托座的丝杆宜采用梯形牙，A 型立杆宜配置 $\phi48$ 丝杆和调节手柄，丝杆外径不应小于 46mm；B 型立杆宜配置 $\phi38$ 丝杆和调节手柄，丝杆外径不应小于 36mm。

(a) 可调底座　(b) 可调顶托

图 4-1-2　可调底座和顶托

(1) 可调底座的底板和可调托座托板厚度不应小于5mm，允许尺寸偏差应为±0.2mm，承力面钢板长度和宽度均不应小于150mm；承力面钢板与丝杆应采用环焊，并应设置加劲片或加劲拱度；可调托座托板应设置开口挡板，挡板高度不应小于40mm。

(2) 可调底座及可调托座丝杆与螺母旋合长度不得小于5扣，螺母厚度不得小于30mm，可调托座和可调底座插入立杆内的长度不应小于150mm。

三、杆件

（一）立杆

立杆是杆上焊接有连接盘和连接套管的竖向支撑杆件，其盘扣节点间距一般按0.5m模数设置。标准型架的立杆钢管的外径应为48.3mm，重型架的立杆钢管的外径应为60.3mm。立杆共有7种规格，如图4-1-3所示。

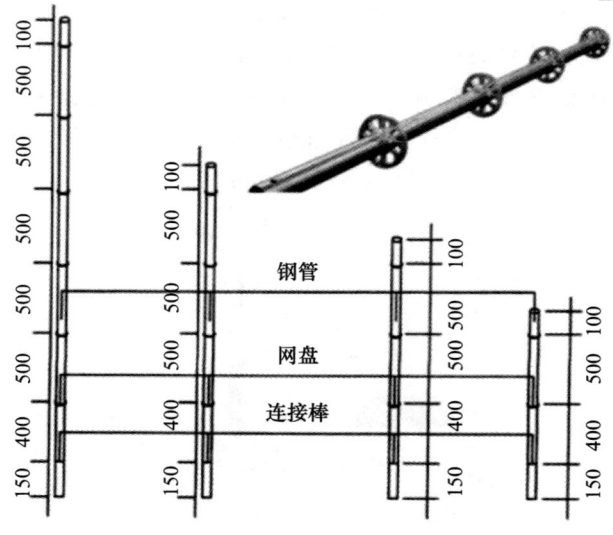

图4-1-3 立杆规格

（二）水平杆

水平杆的两端焊接有扣接头，可与立杆扣接。水平杆长度通常按 0.3m 模数设置，无论是标准型架或是重型架，水平杆的外径均为 48.3mm。水平杆规格从长度 300～3000mm，共有 10 种规格，如图 4-1-4 所示。

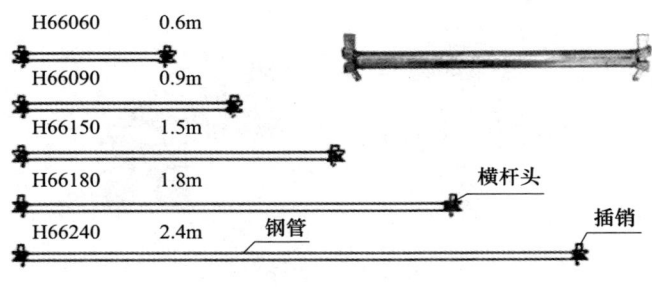

图 4-1-4　水平杆

（三）斜杆

斜杆的两端装配有扣接头，可与立杆上的连接盘扣接。其中水平方向的斜杆为水平斜杆，竖直方向的斜杆为竖向斜杆，连接于架体竖向结构的对角线上，与立杆、水平杆形成三角形结构。水平斜杆的外径应为 48.3mm；竖向斜杆的外径可为 33.7mm、38mm、42.4mm 和 48.3mm，如图 4-1-5 所示。

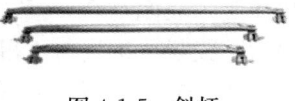

图 4-1-5　斜杆

（四）连接盘

连接盘是焊接在立杆上可扣接 8 个方向扣接头的八边形或圆环形 8 孔板，如图 4-1-6 所示。

图 4-1-6　连接盘

（五）扣接头

（1）位于水平杆和斜杆杆件端头，用于与立杆上的连接盘扣接的部件，如图 4-1-7 所示。

（2）铸钢制作的杆端扣接头应与立杆钢管外表面形成良好的弧面接触，并应有不小于 500mm^2 的接触面积。

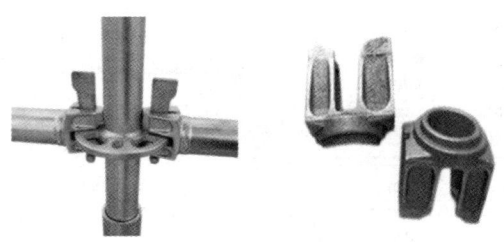

图 4-1-7　扣接头

（六）插销

装配在扣接头内，用于固定扣接头与连接盘的专用楔形部件，如图 4-1-8 所示。

（1）插销外表面应与水平杆和斜杆杆端扣接头内表面吻合，插销连接应保证锤击自锁后不拔脱，抗拔力不得小于 3kN。

（2）插销应具有可靠防拔脱构造措施，且应设置便于目视检查楔入深度的刻痕或颜色。

图 4-1-8　插销

（七）立杆连接套管

（1）固定于立杆一端，用于立杆竖向接长的外套管或内插管。

（2）立杆连接套管可采用铸钢套管或无缝钢管套管。采用铸钢套管形式的立杆连接套长度不应小于 90mm，可插入长度不应小于 75mm；采用无缝钢管套管形式的立杆连接套长度不应小于 160mm，可插入长度不应小于 110mm。套管内径与立杆钢管外径间隙不应大于 2mm。

(3) 立杆与立杆连接套管应设置固定立杆连接件的防拔出。

(八) 脚手板

常规规格厚 1.5mm 的镀锌钢板冲孔卷压焊接成型，两端焊有钩子，底部焊接梯形撑，强度大，质量轻。如图 4-1-9 所示。

图 4-1-9　脚手板

第二节　承插型盘扣式脚手架构造

一、构造一般要求

(1) 搭设承插式作业脚手架时，搭设高度不宜大于 24m。

(2) 作业架架体几何尺寸根据使用要求选择，相邻水平杆步距不应超过 2m，立杆纵距宜选用 1.5m 或 1.8m，且不宜大于 2.1m，立杆横距宜选用 0.9m 或 1.2m。

(3) 当标准型（B 型）立杆荷载设计值大于 40kN，或重型（Z型）立杆荷载设计值大于65kN时，脚手架顶层步距应比标准步距缩小0.5m。

（4）支撑架的高宽比宜控制在3以内，高宽比大于3的支撑架应与既有结构进行刚性连接或采取增加抗倾覆措施。

二、杆件

（一）立杆

脚手架首层立杆宜采用不同长度的立杆交错布置，错开立杆竖向距离不应小于500mm，脚手架立杆底部通常应配置可调底座或垫板。

（二）水平杆与水平斜杆

（1）应根据施工方案计算得出的立杆纵向、横向间距选用适长的水平杆。

（2）最底层水平杆作为扫地杆，离地高度不应大于550mm。

（3）作业脚手架的每步水平杆层，当无挂扣钢脚手架板加强水平层刚度时，应每5跨设置水平斜杆，如图4-2-1所示。

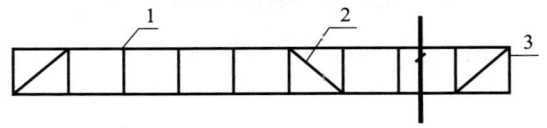

1—立杆；2—水平斜杆；3—水平杆。

图4-2-1 双排脚手架水平斜杆设置

（三）竖向斜杆和剪刀撑

双排脚手架的外侧立面上应设置竖向斜杆，并应符合下列要求：

（1）在脚手架的转角处、开口型脚手架端部应由架体底部至顶部连续设置斜杆。

（2）应每隔不大于4跨设置一道竖向或斜向连续斜杆如图4-2-2（a）所示；当架体搭设高度在24m以上时，应每隔不大于 3 跨设置一道竖向斜杆；或每 5 跨间应设置扣件钢管剪刀撑如图 4-2-2（b）所示，端跨的横向每层应设置竖向斜杆。

（3）脚手架的竖向斜杆不应采用钢管扣件。

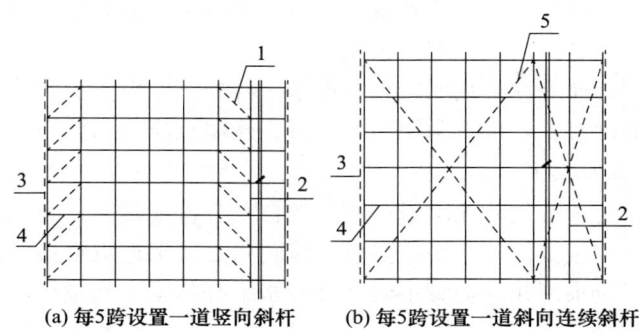

(a) 每5跨设置一道竖向斜杆　　(b) 每5跨设置一道斜向连续斜杆

1—斜杆；2—立杆；3—两端竖向斜杆；4—水平杆；5—扣件钢管剪刀撑。

图 4-2-2　斜杆搭设

（4）当支撑架搭设高度大于 16m 时，顶层步距内应每跨布置竖向斜杆。

（5）支撑架应沿高度每间隔 4～6 个标准步距应设置水平剪刀撑，并应符合现行行业标准《建筑施工扣件式钢管脚手架安全技术规范》（JGJ 130）中钢管水平剪刀撑的相关规定。

（四）连墙件

（1）连墙件必须采用可承受拉压荷载的刚性杆件，连墙件与脚手架立面及墙体应保持垂直，同一层连墙件宜在同一平面，水平间距不应大于 3 跨，与主体结构外侧面距离不宜大于 300mm。

（2）连墙件应设置在有水平杆的盘扣节点旁，连接点至盘扣节点距离不应大于 300mm；采用钢管扣件作连墙杆时，连墙杆应采用直角扣件与立杆连接。

（3）当脚手架下部暂不能搭设连墙件时，宜外扩搭设多排脚手架并设置斜杆形成外侧斜面状附加梯形架，待上部连墙件搭设后方可拆除附加梯形架。

(4) 同一层连墙件宜在同一水平面,水平间距不应大于 3 跨;连墙件之上架体的悬臂高度不得超过 2 步。

(5) 在架体的转角处或开口型双排脚手架的端部应按楼层设置,且竖向间距不应大于 4m。

(6) 连墙件宜从底层第一道水平杆处开始设置;连墙件宜采用菱形布置,也可采用矩形布置;连墙点应均匀分布。

(五) 转角

在转角部位若无法通过脚手架自身杆件连接时,需在脚手架内外侧按步设置水平连接杆,将转角处支架连成整体,水平连接杆应采用扣件与脚手架立杆及水平杆扣紧,其规格应与水平杆相同。

三、脚手板与防护栏杆

(1) 作业层脚手板应铺满、铺稳、铺实。

(2) 钢脚手板的挂钩必须完全扣在水平杆上,挂钩必须处于锁住状态。

(3) 作业层的脚手板架体外侧应设挡脚板、防护栏杆,并应在脚手架外侧立面满挂密目安全网;防护上栏杆宜设置在离作业层高度为 1000mm 处,防护中栏杆宜设置在离作业层高度为 500mm 处。

(4) 当脚手架作业层与主体结构外侧面间隙较大时,应设置挂扣在连接盘上的悬挑三脚架,并应铺放能形成脚手架内侧封闭的脚手板。

四、可调托撑

(1) 支撑架可调托撑伸出顶层水平杆或双槽钢托梁的悬臂长度严禁超过 650mm,伸出立杆的长度不应大于 200mm(立杆钢管直径为 42mm 时)或伸出立杆的长度不应大于 500mm

（立杆钢管直径为 48.3mm 及以上时）可调托撑插入立杆或双槽钢托梁长度不应小于 150mm，如图 4-2-3 所示。

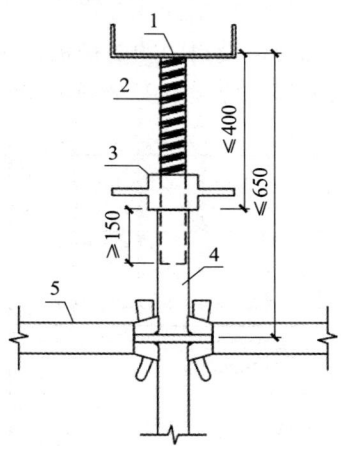

1—可调托撑；2—螺杆；3—调节螺母；4—立杆；5—水平杆。
图 4-2-3　带可调托撑伸出顶层水平杆的悬臂长度

（2）支撑架可调底座丝杆插入立杆长度不得小于 150mm，丝杆外露长度不宜大于 300mm，作为扫地杆的最底层水平杆中心线高度离可调底座的底板高度不应大于 550mm。

五、拉结固定

（1）模板支架周边有结构物时，应与周边结构形成可靠拉结。
（2）拉结点构造与连墙件结构类似。

六、人行通道

当支撑架架体内设置与单支水平杆同宽的人行通道时，可间隔抽除第一层水平杆和斜杆形成施工人员进出通道，与通道正交的两侧立杆间应设置竖向斜杆；当支撑架架体内设置与单支水平杆不同宽人行通道时，应在通道上部架设支撑横梁如图 4-2-4 所示，横梁的型号及间距应依据荷载确定。通道相邻跨支撑横梁的立杆间距应根据计算设置，通道周围的支撑架应连成整体。洞口顶部应铺设封闭的防护板，相邻跨应设置安全网。通行机动车的洞口，应设置安全警示和防撞设施。

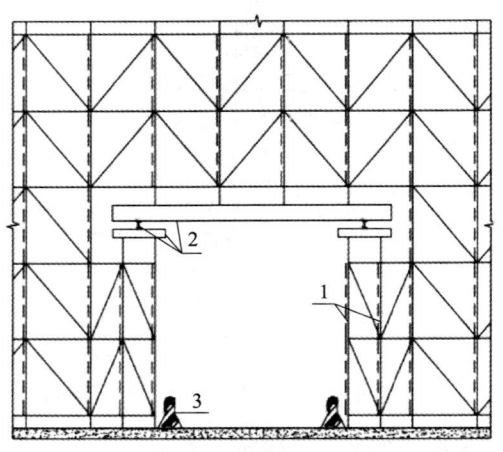

1—立杆加密；2—支撑横梁；3—防撞设施。

图 4-2-4　支撑架人行通道设置

七、其他辅助构配件

（1）挂钩式钢梯

挂钩式钢梯材质为 Q235B，由 6～9 个钢踏板和梯梁共同组成，如图 4-2-5 所示，垂直高度一般为 1.5m。挂钩式钢梯分为外置爬梯和内置爬梯两种。

① 外置钢梯：一般适用于落地式脚手架，宽度为 900mm。

② 内置钢梯：一般适用于悬挑式

图 4-2-5　挂钩式钢梯

脚手架，宽度为450mm。

（2）挂钩踏板（特殊规格）

规格一共有四种：600mm×240mm、480mm×320mm、480mm×480mm、240mm×240mm，分别用于阴、阳转角处（图4-2-6）。

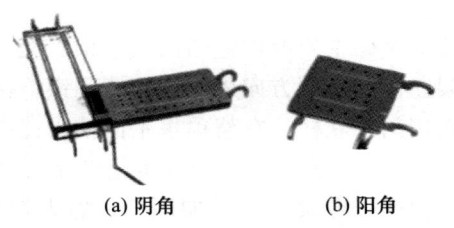

(a) 阴角　　　　　(b) 阳角

图4-2-6　挂钩踏板

（3）挡脚板

挡脚板材质采用Q235型钢，宽度为200mm，常见规格有900mm、1200mm、1500mm、1800mm和2100mm（图4-2-7）。

（4）硬隔离外挑杆

材质采用Q235B钢管，直径45mm，壁厚2.5mm，长度分两种：300mm和550mm。挂钩：挂钩材质采用Q195型钢，直径33mm，壁厚2.3mm，长度为600mm，与硬隔离外挑杆配套使用，如图4-2-8所示。

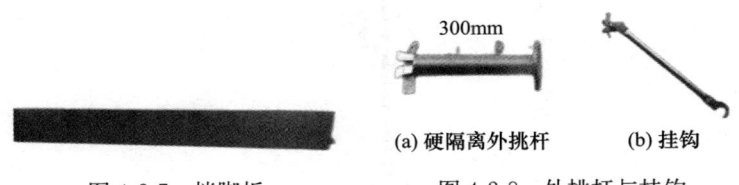

　　　　　　　　　　　(a) 硬隔离外挑杆　　(b) 挂钩

图4-2-7　挡脚板　　　　图4-2-8　外挑杆与挂钩

第五章　门式钢管脚手架

门式钢管脚手架主要部件包括门式框架、交叉支撑和水平梁架等，门架立杆的竖直方向采用连接棒和锁臂接高，纵向使用交叉支撑连接门架立杆，在架顶水平面使用挂扣式脚手板连接水平梁架，如图 5-1 所示。这些基本组合单元相互连接，逐层叠高，左右伸展，再设置水平加固杆、剪刀撑及连墙件等，构成整体门式脚手架。门式钢管脚手架不仅可作为作业脚手架，也可作为模板支架。

1—可调托撑；2—上架；3—脚手板；4—连接棒；
5—可调底座；6—下门架；7—交叉支撑。
图 5-1　门式脚手架

第五章 门式钢管脚手架

第一节 主要构配件

门式钢管脚手架的主要构配件包括门架以及连接棒、锁臂、交叉支撑、挂扣式脚手板、托座等配件。门架与配件的钢管采用普通钢管,材质为 Q235 级钢。

一、门架

门架是门式脚手架的主要构件,其受力杆件为焊接钢管,由立杆、横杆及加强杆等相互焊接组成。门架有典型门架、调节门架、连接门架、扶梯门架 4 种类型,其中典型门架作为基本构件,采用的也最多,如图 5-1-1 所示。

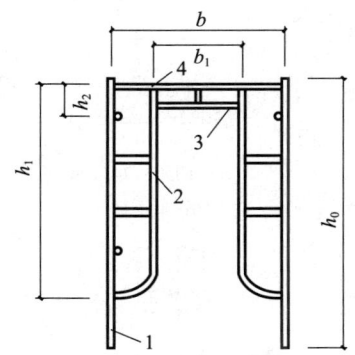

1—外立杆;2—立杆加强杆;3—横杆加强杆;4—横杆。
图 5-1-1 典型门架

二、交叉支撑

交叉支撑是每两榀门架纵向连接的交叉拉杆,两根交叉杆可以围绕中间连接螺栓转动,杆的两端有销孔,如图 5-1-2(a) 所示。

三、水平架

水平架是在脚手架非作业层上代替脚手板挂扣在门架横杆上的水平构件,由横杆、短杆和搭钩焊接而成,可与门架横杆自锚连接,如图 5-1-2(b)所示。

四、挂扣式脚手板

挂扣式脚手板一般为钢脚手板,其两端带有挂扣,搁置在门架的横梁上并扣紧,如图 5-1-2(c)所示。钢脚手板用厚 1.5～2.0mm 钢板冷加工而成,板面上冲有梅花形翻边防滑圆孔,材质为 Q235A 级钢。

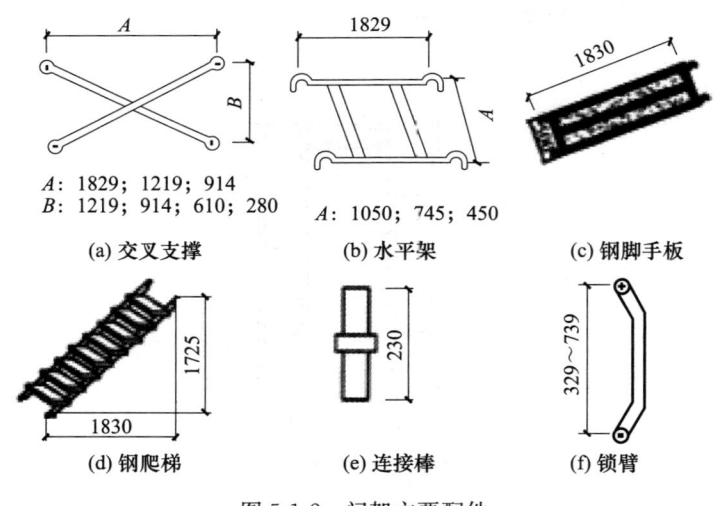

图 5-1-2 门架主要配件

五、钢爬梯

钢爬梯为设有踏步的斜梯,分别挂扣在上下两层门架的横梁上,如图 5-1-2(d)所示。钢梯踏板的厚度不应小于

1.2mm，并有防滑功能，搭钩厚度不应小于7mm。

六、连接棒

连接棒是用于门架立杆竖向组装的连接件，由中间带有凸环的短钢管制作，如图 5-1-2（e）所示。连接棒的直径应小于立杆内径的 1～2mm。

七、锁臂

锁臂为门架立杆组装接头处的拉结件，其两端有圆孔挂于上下榀门架的锁销上，如图 5-1-2（f）所示。

八、底座与托座

底座安装在门架立杆下端，将力传给基础的构件，分为可调底座和固定底座。

（1）可调底座由螺杆、调节扳手和底座组成，如图 5-1-3（a）所示。可以调节脚手架立杆的高度和脚手架整体的水平度、垂直度。能适应不平整地面，可用其将各门架顶部调节到同一水平面上。

（2）固定底座由底板和套管两部分焊接而成，只起支承作用，无调节高低功能，使用它时要求地面平整，如图 5-1-3（b）所示。

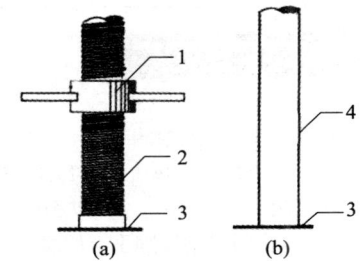

1—底板；2—螺杆；3—调节扳手；4—套筒。
图 5-1-3 可调底座与固定底座

(3)托座插放在门架立杆上端,承接上部荷载的构件,分为可调托座和固定托座。其结构尺寸与第四章中可调托撑的相关规定基本相同。

(4)底座、托座及其可调螺母应采用可锻铸铁或铸钢制作。

第二节 门式脚手架构造

门式钢管脚手架基本构造如图5-2-1所示。

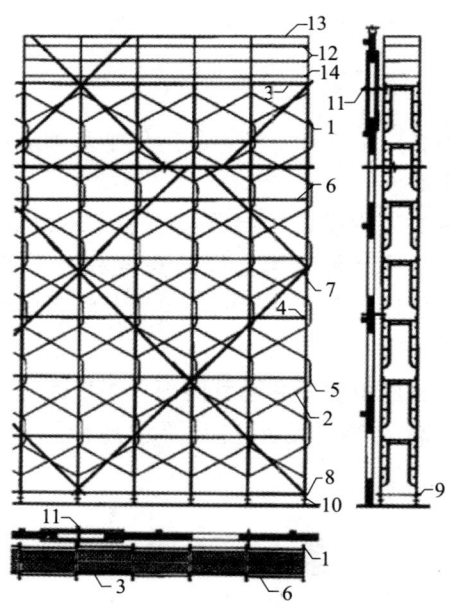

1—门架;2—交叉支撑;3—挂扣式脚手板;4—连接棒;5—锁臂;
6—水平加固杆;7—剪刀撑;8—纵向扫地杆;9—横向扫地杆;
10—底座;11—连墙件;12—栏杆;13—扶手;14—挡脚板。
图5-2-1 门式钢管脚手架的组成

一、基础

搭设脚手架场地必须平整坚实,并应符合下列规定:
(1) 回填土应分层回填,逐层夯实。
(2) 场地排水应顺畅,不应有积水。
(3) 搭设脚手架的地面标高宜高于自然地坪标高50~100mm。
(4) 对搭设在地下室顶板、楼面等建筑结构上的门式脚手架,应对支承架体的建筑结构进行承载力验算,门架立杆下宜铺设垫板。

二、门架

(1) 底步门架的立杆应当放置在底座上。
(2) 门架的跨距应与交叉支撑的规格配合。
(3) 上下榀门架立杆应在同一轴线位置上,门架立杆轴线的对接偏差不应大于2mm。
(4) 脚手架的内侧立杆离墙面净距不宜大于150mm;当大于150mm时,应采取内设挑架板或其他隔离防护的安全措施。
(5) 脚手架顶端栏杆宜高出女儿墙上端或檐口上端1.5m。

三、门架配件

(1) 配件应与门架配套使用,并应与门架连接可靠。
(2) 门架的两侧应设置交叉支撑,并与门架立杆上的锁销锁牢。
(3) 上下榀门架的组装必须设置连接棒,连接棒与门架立杆配合间隙不应大于2mm。
(4) 门式脚手架上下榀门架间应设置锁臂。但当采用插销式或弹销式连接棒时,可不设锁臂。
(5) 脚手架作业层应连续满铺挂扣式脚手板,并应与门架的横梁扣紧,防止脚手板松动或脱落。同时为加强脚手架刚度,还应每隔3~5层设置一层脚手板。

(6) 底部门架的立杆下端宜设置固定底座或可调底座。可调底座和可调托座的调节螺杆直径不应小于35mm,可调底座的调节螺杆伸出长度不应大于200mm。

(7) 作业人员上下脚手架的斜梯应采用挂扣式钢梯,并宜采用之字形设置,一个梯段宜跨越两步或三步门架再行转折;钢梯应设栏杆扶手和挡脚板。

四、连墙件

(1) 连墙件设置的位置、数量应按专项施工方案确定。数量的设置除应满足计算要求外,尚应符合表5-2-1的规定。

表5-2-1 连墙件最大间距或最大覆盖面积

序号	脚手架搭设方式	脚手架高度(m)	连墙件间距(m)		每根连墙件覆盖面积(m^2)
			竖向	水平	
1	落地、密目式安全网全封闭	≤40	3h	3L	≤33
2		>40	2h	3L	≤22
3					
4	悬挑、密目式安全网全封闭	≤40	3h	3L	≤33
5		>40且≤60	2h	3L	≤22
6		>60	2h	3L	≤15

注:1. 序号4~6为架体位于地面上高度;
2. 按每根连墙件覆盖面积设置连墙件时,连墙件的竖向间距不应大于6m;
3. 表中h为步距;L为跨距。

(2) 连墙件应靠近门架的横杆设置,并应固定在门架的立杆上,如图5-2-2所示。

(3) 连墙件的布置应符合下列规定:

① 在门式脚手架的转角处或开口型脚手架端部,必须增

设连墙件,连墙件的垂直间距不应大于建筑物的层高。且不应大于 4.0m。

② 在脚手架外侧因设置防护棚或安全网而承受偏心荷载的部位,应增设连墙件,其水平间距不应大于 4.0m。另外,在转角处应适当增加连墙件的布设密度。

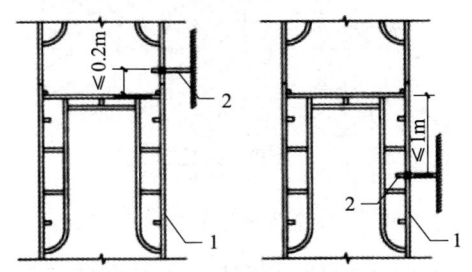

(a) 连墙件在门架横杆之上　(b) 连墙件在门架横杆之下

1—门架；2—连墙件。

图 5-2-2　连墙件与门架连接

③ 连墙件必须采用可承受拉力与压力的构造,其具体形式可参考第二章扣件式钢管脚手架中有关连墙件的构造要求。

④ 连墙件与门架、建筑物的连接应具有相应的连接强度。

⑤ 连墙件应靠近门架的横杆设置,距门架横杆不宜大于 200mm,并应固定在门架的立杆上。

⑥ 连墙件宜水平设置,当不能水平设置时,与脚手架连接的一端,应低于与建筑结构连接的一端,连墙件的坡度宜小于 1∶3。

五、加固件

作业脚手架的加固件主要有剪刀撑和加固杆。

（一）剪刀撑

剪刀撑的设置如图 5-2-3 所示,并应符合下列规定:

(1) 当作业脚手架安全等级为Ⅰ级时，剪刀撑应按下列要求设置：

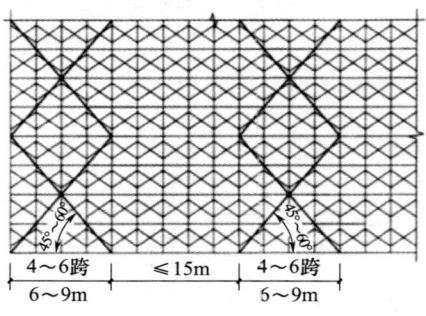

图 5-2-3　安全等级为Ⅰ级时的剪刀撑

① 宜在作业脚手架的转角处、开口型端部及中间间隔不超过 15m 的外侧立面上各设置一道剪刀撑如图 5-2-3 所示。

② 当在作业脚手架的外侧立面上不设剪刀撑时，应沿架体高度方向每间隔 2～3 步在门架内外立杆上分别设置一道水平加固杆。

(2) 当作业脚手架安全等级为Ⅱ级时，门式作业脚手架外侧立面可不设置剪刀撑。

（二）水平加固杆

由于门式脚手架中上下门架采用连接棒进行连接，水平杆件采用搭扣连接，斜杆采用锁销连接，这些连接方式的紧固性差，使得脚手架整体刚度较差，极易发生失稳，因此需在架体外侧的门架立杆上设置纵向水平加固杆，水平加固杆设置应符合下列要求：

(1) 在脚手架顶层、沿架体高度方向不超过 4 步设置一道，宜在有连墙件的水平层设置。

(2) 在作业脚手架的转角处、开口型作业脚手架端部的两个跨距内，按步设置。

（三）扫地杆

（1）脚手架的底层门架下端应设置纵、横向通长的扫地杆。

（2）纵向扫地杆应固定在距门架立杆底端不大于 200mm 处的门架立杆上，横向扫地杆宜固定在紧靠纵向扫地杆下方的门架立杆上。

六、转角处门架连接

（1）在建筑物的转角处，门式脚手架内、外两侧立杆应按步设置水平连接杆、斜撑杆，将转角处的门架连成一体，如图 5-2-4 所示。

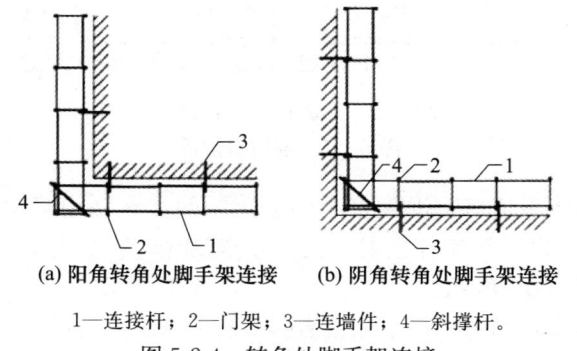

(a) 阳角转角处脚手架连接　　(b) 阴角转角处脚手架连接

1—连接杆；2—门架；3—连墙件；4—斜撑杆。

图 5-2-4　转角处脚手架连接

（2）连接杆、斜撑杆应采用钢管，其规格应与水平加固杆相同。

（3）当连接杆与水平加固杆平行时，连接杆的一端应采用不少于 2 个旋转扣件与平行的水平加固杆扣紧，另一端应采用扣件与垂直的水平加固杆扣紧。

七、门洞

(1) 通道口门洞高度不宜大于 2 个门架高,宽度不宜大于 1 个门架跨距,通道口应采取加固措施。

(2) 通道口的加固措施应符合下列要求:

① 当通道口宽度为一个门架跨距时,在通道口上方的内外侧应设水平加固杆,水平加固杆应延伸至通道口两侧各一个门架跨距,如图 5-2-5(a)所示。

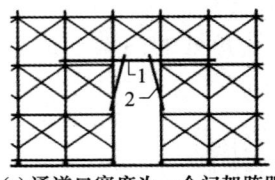 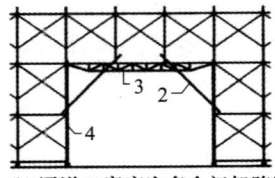

(a) 通道口宽度为一个门架跨距　(b) 通道口宽度为多个门架跨距

1—水平加固杆;2—斜撑杆;3—托架梁;4—加强杆。

图 5-2-5　通道口加固

② 当通道口宽度为多个门架跨距时,在通道口上方应设置经专门设计和制作的托架梁,并应加强两侧门架立杆,如图 5-2-5(b)所示。

③ 应在通道口内上角设置斜撑杆。

下 篇
安全操作技能

第六章 常用脚手架搭设和拆除方法

第一节 扣件式钢管脚手架

一、作业架搭设

（一）搭设前准备工作

（1）脚手架搭设前，应按专项施工方案向施工人员进行安全技术交底。

（2）应按规范规定和脚手架专项施工方案要求，对钢管、扣件、脚手板等进行检查验收，不合格产品不得使用。

（3）经检验合格的构配件应按品种、规格分类，堆放整齐、平稳，堆放场地不得有积水。

（4）应清除搭设场地杂物，平整搭设场地，并使排水畅通。

（5）确定脚手架附着于建筑结构处混凝土强度满足安全承载要求。

（6）做好脚手架搭设工具与辅助设备的准备工作。

（二）搭设程序

脚手架一般搭设流程是：基础处理→立杆放线定位→设置底座或垫板→摆放纵向扫地杆→逐根竖立杆（随即与纵向扫地杆扣紧）→安放横向扫地杆（与立杆或纵向扫地杆扣紧）→加设临时抛撑（在设置二道连墙杆后可拆除）→安装第一步大横杆和小横杆→设置连墙件→安装第二步大横杆和小横杆→设首

层安全平网→挂密目式安全立网→安装第三、四步大横杆和小横杆→设置连墙件→接立杆→安装剪刀撑、横向斜撑（随立杆、水平杆等同步搭设）→铺设作业层脚手板→安装拦腰杆及挡脚板→依次向上搭设（中间不超过10m设一道层间安全平网）→安装封顶杆→剪刀撑和横向斜撑设置至顶、满挂密目式安全立网。

（三）搭设方法

脚手架应按形成基本构架单元的要求，逐排、逐跨、逐步地进行搭设。"一字形"脚手架从一端开始向另一端延伸搭设；封圈型脚手架可从一个角部开始向两边延伸交圈搭设。

下面以双排落地式脚手架为例，简述脚手架搭设方法。

1. 基础处理

（1）对基础进行平整、夯实，并采用100mm厚C15混凝土进行硬化。立杆基础外侧设置截面不小于200mm×200mm的排水沟，脚手架底座底面标高应高于室外自然地坪50～100mm，保证脚手架基础不积水，如图6-1-1所示。

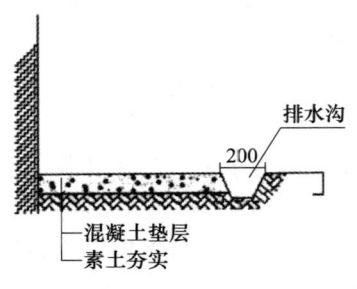

图6-1-1 脚手架基础

（2）脚手架基础经验收合格后，应按施工组织设计或专项施工方案的要求定位放线，双排脚手架内外立杆的连线应与墙面垂直，如图6-1-2所示。

2. 安放底座或垫板

（1）底座或垫板均应准确地放在定位线上。

（2）垫板应采用长度不少于 2 跨、厚度不小于 50mm、宽度不小于 200mm 的木垫板，如图 6-1-3 所示。

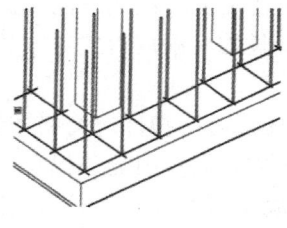
图 6-1-2　定位放线

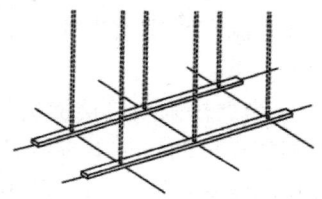
图 6-1-3　放置底部垫板

3. 立杆搭设

（1）安装立杆时，第一步脚手架最好有 6～8 人相互配合操作。将立杆底端按规定跨距放置在底座或垫板上，立杆的下部与摆好的纵向扫地杆用直角扣件固定，并安装固定横向扫地杆。内外排的立杆要同时竖起，先竖两端立杆，后竖中间立杆，并依次与纵横向扫地杆连接固定，如图 6-1-4 所示。纵向扫地杆应固定在距钢管底端不大于 200mm 处的立杆上。

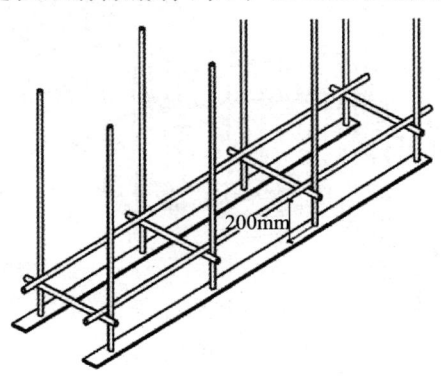
图 6-1-4　搭设立杆和扫地杆

（2）如果立杆基础不在同一高度上，高处的纵向扫地杆应按要求向低处延长设置，靠近边坡上方的立杆应与边坡边缘保持不小于 500mm 的距离。

（3）设置立杆时，要注意相邻两杆的长短搭配，以便在立杆接长时相互错开位置，避免接头出现在同步内或在同一高度方向上。除了顶层顶步外，立杆的接长均应采用对接方式并符合如下要求：

① 当立杆采用对接接长时，立杆的对接扣件应交错布置，两根相邻立杆的接头不应设置在同步内，同步内隔一根立杆的两个相隔接头在高度方向错开的距离不宜小于 500mm；各接头中心至主节点的距离不宜大于步距的 1/3；

② 当立杆采用搭接接长时，搭接长度不应小于 1m，并应采用不少于 2 个旋转扣件固定。端部扣件盖板的边缘至杆端距离不应小于 100mm。

（4）立杆一次搭设不能过高，应随建筑结构的升高而升高。开始搭设立杆时，为防止架体倾倒，应每隔 6 跨设置一根抛撑，直至连墙件安装稳定后，方可根据情况拆除，如图 6-1-5 所示。

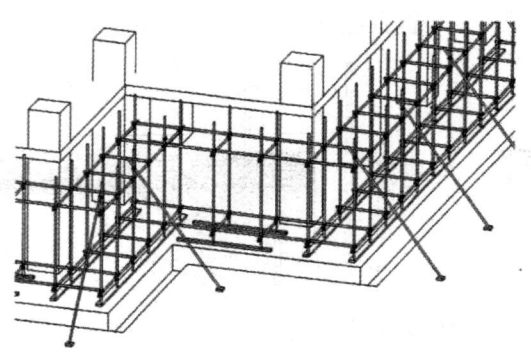

图 6-1-5 抛撑搭设

(5) 抛撑应采用通长杆件,用旋转扣件固定在脚手架上,与地面的倾角应在45°～60°之间,连接点中心与主节点的距离不大于300mm。

(6) 脚手架立杆顶端栏杆宜高出女儿墙上端1m,宜高出檐口上端1.5m。

4. 安装纵横向水平杆

(1) 纵向水平杆应随立杆按步搭设,并用直角扣件与立杆固定。封闭型脚手架同一步架内纵向水平杆必须四周交圈,用直角扣件与内、外立柱固定好。

(2) 脚手架步距应按照专项施工方案规定设置,第一步纵向水平杆与扫地杆的间距应不大于2m,如图6-1-6所示。

(3) 设置纵向水平杆时,要注意两根相邻纵向水平杆的长短搭配,以便在水平杆接长时相互错开位置,避免接头出现在同步或同跨内。纵向水平杆多采用对接方式接长。

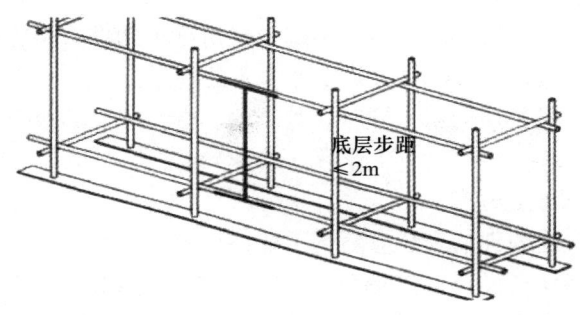

图6-1-6 底层步距设置

(4) 当使用冲压钢脚手板、木脚手板,应先安装纵向水平杆,用直角扣件把纵向水平杆固定在立杆内侧,再安装横向水平杆,用直角扣件将其固定在纵向水平杆上。除了主节点处,应根据支承脚手板的需要,在纵向水平杆上等距离设置横向水平杆,如图6-1-7所示。

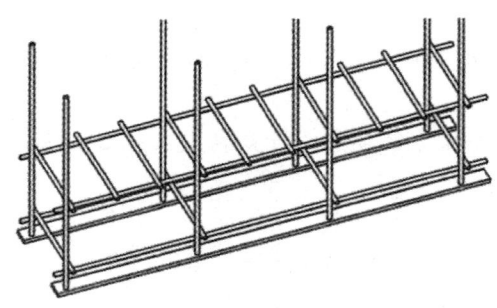

图 6-1-7 纵横向水平杆安装

（5）在安装第一步水平杆时，必须有人负责校正立杆的垂直度和水平杆的平直度。先矫正两端头的立杆，中间立杆以端头立杆为准，竖直即可。立杆的垂直偏差不大于架高的1/500，如6m长立杆的垂直偏差不得大于12mm。以后每安装一步后，不但要校正立杆的垂直度，还要校正纵向水平杆的高差。垂直度应满足现行行业标准《建筑施工扣件式钢管脚手架安全技术规范》(JGJ 130)中8.2.4的规定。

（6）安装横向水平杆时，其靠墙一端至墙面的距离不应大于150mm。

5. 设置连墙件

（1）连墙件的安装应随脚手架搭设同步进行，不得滞后安装。当架体搭设至有连墙件的主节点时，在搭设完该处的立杆、纵向水平杆、横向水平杆后，应立即设置连墙件。

（2）脚手架一次搭设高度不应超过相邻连墙件以上两步。如超过相邻连墙件以上两步，无法设置连墙件时，应采取撑拉固定等措施与建筑结构拉结，直到上一层连墙件安装完毕后再视情况予以拆除。

（3）对于埋件结构的连墙件，应按设计位置和要求提前设置好预埋件，并做好成品保护，避免因其他施工活动受到破坏。

（4）连墙杆宜与内外立杆同时拉结，使连墙件与架体连接牢固。

（5）连墙件只有在主节点附近才能有效地阻止脚手架发生横向弯曲失稳或倾覆。目前在实际搭设中，许多连墙件设置在立杆步距的 1/2 附近，这对脚手架稳定是极为不利的，必须予以注意。

（6）刚性连墙件水平杆的后部应增设一个防滑扣件，防止杆件滑移。

（7）安装连墙件时，不能随意增大连墙件竖向或水平向间距，或减少连墙件数量。

6. 设置剪刀撑、横向斜撑

（1）横向斜撑、剪刀撑搭设应随立杆、纵向和横向水平杆等同步搭设，不得滞后安装。

（2）剪刀撑斜杆应用旋转扣件固定在与之相交的横向水平杆的伸出端或立杆上，旋转扣件中心线至主节点的距离不应大于 150mm，如图 6-1-8 所示。各底层剪刀撑斜杆的下端均应支承在垫块或垫板上。

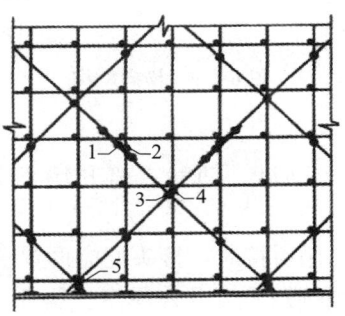

1—搭接段固定（共三个）；2—搭接段与立杆固定；3—交叉点固定；
4—斜杆与立杆固定；5—底部端点与立杆或横向水平杆固定。

图 6-1-8　剪刀撑杆件固定点

(3) 双排脚手架应设置横向斜撑。

(4) 横向斜撑应在同一节间,由底至顶层呈之字形连续布置,斜撑应采用旋转扣件固定在与之相交的横向水平杆的伸出端上,旋转扣件中心线至主节点的距离不宜大于 150mm;如图 6-1-9 所示,当斜杆在 1 跨内跨越 2 个步距时,宜在相交的纵向水平杆处,增设一根横向水平杆,将斜杆固定在其伸出端上。

(5) 高度在 24m 以下的封闭型双排脚手架可不设横向斜撑,高度在 24m 以上的封闭型脚手架,除拐角应设置横向斜撑外,中间应每隔 6 跨距设置一道。

(6) 开口型双排脚手架的两端必须设置横向斜撑,如图 6-1-9 (b) 所示。

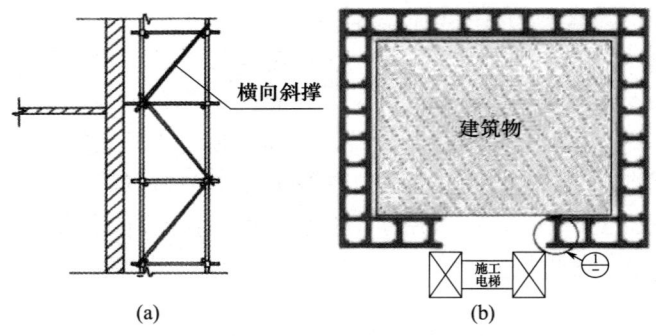

图 6-1-9 横向斜撑

7. 铺设脚手板

(1) 脚手板应铺满、铺稳,离开墙面的距离不应大于 150mm。

(2) 脚手板采用对接时,接头处应设置横向水平杆;采用搭接时,搭接长度应符合相关规定。脚手板探头应用直径 3.2mm 镀锌钢丝固定在支承杆件上。

(3) 在拐角、斜道平台口处的脚手板,应用镀锌钢丝固定在横向水平杆上,防止滑动。

8. 安装栏杆、挡脚板

作业层、斜道的栏杆和挡脚板均应搭设在外立杆的内侧,上栏杆上皮高度应为 1.2m,中栏杆应居中设置;挡脚板高度不应小于 180mm,如图 6-1-10 所示。

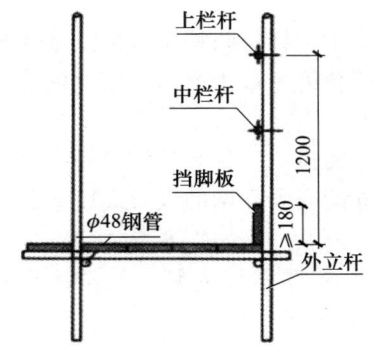
图 6-1-10　栏杆与挡脚板设置

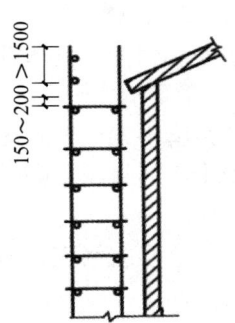
图 6-1-11　坡屋顶脚手架封顶

9. 脚手架封顶

外排立杆必须超过房屋檐口的高度,平屋顶高出女儿墙 1m,坡屋顶超过檐口 1.5m。坡屋顶脚手架封顶,如图 6-1-11 所示。

(1) 里排立杆应低于檐口底 150～200mm。

(2) 设置两道护身栏杆,一道 180mm 高的挡脚板,并挂设安全立网。

10. 扣件安装

(1) 扣件规格应与钢管外径相同,直角扣件、旋转扣件不能作为对接扣件使用。

(2) 螺栓拧紧扭力矩不应小于 40N·m,且不应大于 65N·m。

(3) 在主节点处固定横向水平杆、纵向水平杆、剪刀撑、横向斜撑等用的直角扣件、旋转扣件的中心点的相互距离不应大于 150mm。

（4）对接扣件开口应朝上或朝内。

（5）各杆件端头伸出扣件盖板边缘的长度不应小于 100mm。

11. 张挂安全网

（1）脚手架安全防护网和防护栏杆等防护设施应随架体搭设同步安装到位，具体设置应符合第一章中第六节安全网有关要求。

（2）脚手架架体底部除安全通道口、临时门洞口外应全部使用安全立网封闭，脚手架外立面安全立网的设置高度应超过作业面 1.5m。

（3）安全立网应设置在外立杆和横杆内侧，与架体绑扎牢固。

二、扣件式钢管脚手架拆除

（一）拆除前准备工作

（1）应全面检查脚手架的扣件连接、连墙件、支撑体系等是否符合构造要求，如果存在问题必须在拆除之前先行加固。

（2）应根据检查结果补充完善施工脚手架专项方案中的拆除顺序和措施，经审批后方可实施。

（3）拆除前应对施工人员进行书面安全交底。交底要有记录，内容要有针对性，明确架体拆除过程中的注意事项。

（4）应清除脚手架上杂物及地面障碍物，如脚手板上的混凝土、砂浆块、U 形卡、活动杆件及材料。

（5）拆架前施工现场先拉好警戒线，现场技术管理人员和安全管理人员应对拆除作业进行巡查，及时纠正违章作业。

（二）拆除程序及要求

（1）脚手架拆除应按照专项施工方案进行，并应遵守"后搭的先拆、先搭的后拆"的原则。

（2）一般拆除程序为：

拆除架底防护→拆安全网→拆防护栏杆及挡脚板→拆除脚手板→拆横向水平杆→拆纵向水平杆→拆剪刀撑→拆连墙件→拆立杆→杆件传至地面→拆横向水平扫地杆→拆纵向水平扫地杆→拆底座或垫板。

（3）拆除过程中还应遵守以下规定：

① 脚手架拆除作业必须由上而下逐层进行，严禁上下同时作业。

② 连墙件、剪刀撑和横向斜撑必须随脚手架逐层拆除，严禁先将整层或数层拆除后再拆除脚手架。

③ 分段拆除高差大于两步时，应增设连墙件加固。

④ 当脚手架拆至下部最后一根长立杆的高度（约6.5m）时，应先在适当位置搭设临时抛撑加固后，再拆除连墙件。当脚手架采取分段、分立面拆除时，对不拆除的脚手架两端，应先按有关规定设置连墙件和横向斜撑加固。

⑤ 架体拆除作业应设专人指挥，当有多人同时操作时，应明确分工、统一行动，且应具有足够的操作面。

⑥ 卸料时各构配件严禁抛掷至地面，拆下的杆件和扣件要及时清除、转运，分类、分堆、分规格码放整齐，要有防水措施，以防雨后生锈。

⑦ 运至地面的构配件应按规范的规定及时检查、整修与保养，并应按品种、规格分别存放。

⑧ 拆除过程中如更换人员，必须重新进行安全技术交底。

三、安全注意事项

（1）拆除作业人员应严格遵守安全操作规程，严格按照施工方案进行拆除作业。

（2）作业人员应当有足够、安全的作业面，可靠的立足点。拆4m以上模板时，应搭脚手架或工作台，严禁站在已拆或松动的模板上进行拆除作业。拆除平台、楼板下的立柱时，作业人员应站在安全处。

（3）作业脚手架连墙件应随架体逐层、同步拆除，不应先将连墙件整层或数层拆除后再拆架体。当架体悬臂高度超过2步时，应加设临时拉结。

（4）架体拆除作业应统一组织，并应设专人指挥，不得交叉作业。

（5）作业脚手架分段拆除时，应先对未拆除部分采取加固处理措施后再进行架体拆除。

（6）拆模中途停歇时，应将已拆松动、悬空、浮吊的模板或支架进行临时支撑牢固或相互连接稳固。对活动部件必须一次拆除。

（7）拆模时，应逐块拆卸，不得重锤击打、铁棍撬别或成片拉倒。严禁作业人员站在悬臂结构边缘敲拆下面的底模。

（8）拆下的模板及支架杆件不得抛掷，所有杆件和扣件在拆除时应分离，不准在杆件上附着扣件或两杆连着送到地面。

（9）拆除楼层外边模板时，应有防高空坠落及防止模板向外翻倒的措施。

（10）混凝土板有预留洞口时，拆模后，应随时在其周围做好安全护栏，或用板将洞口盖住。

（11）在拆除模板过程中，如发现混凝土有影响结构安全的质量问题时，应暂停拆除。经处理后，方可继续进行拆除作业。

（12）严禁将支撑脚手架、缆风绳、混凝土输送泵管、卸料平台及大型设备的支承件等固定在作业脚手架上。严禁在作业脚手架上悬挂起重设备。

（13）在脚手架使用期间，严禁拆除下列杆件：

① 主节点处的纵、横向水平杆，纵、横向扫地杆；

② 连墙件。

(14)严禁擅自拆除架体上的安全防护设施,或临时拆除后不及时恢复。

(15)满堂脚手架在使用过程中,应设有专人监护施工,当出现异常情况时,应立即停止施工,并应迅速撤离作业面上人员。

(16)临街作业脚手架外侧立面、转角处应采取硬防护措施。

(17)严禁高空抛掷拆除后的脚手架材料与构配件。

(18)在脚手架使用期间,立杆基础下及附近不宜进行挖掘作业。

第二节 碗口式钢管脚手架

一、脚手架搭设

(一)搭设顺序

碗扣式脚手架搭设前应首先做好施工准备工作,有关准备工作要求可参照扣件式脚手架搭设的准备工作。

脚手架组装以3~4人为一小组为宜,其中1~2人递料,另外两人共同配合组装,每人负责一端。组装时,可由一边向另一边搭设,或从中间向两边推进,不能从两边向中间合拢组装,否则中间杆件会因两侧架子刚度太大而难以安装。

脚手架搭设应按顺序进行,并应符合下列规定:

(1)双排脚手架搭设应按立杆、水平杆、斜杆、连墙件的顺序配合施工进度逐层搭设。一次搭设高度不应超过最上层连墙件两步,且自由长度不应大于4m。

(2)模板支撑架应按先立杆、后水平杆、再斜杆的顺序搭设形成基本架体单元,并应以基本架体单元逐排、逐层扩展搭设成整体支撑架体系,每层搭设高度不宜大于3m。

(3) 斜撑杆、剪刀撑等加固件应随架体同步搭设,不得滞后安装。

(4) 双排脚手架连墙件必须随架体升高及时在规定位置处设置;当作业层高出相邻连墙件以上两步时,在上层连墙件安装完毕前,必须采取临时拉结措施。

(二) 搭设程序

模板支架在碗扣式脚手架中最为常见,下面以模板支架为例,简述碗扣式脚手架搭设方法。

模板支架的基本搭设程序为:基础处理→放线定位→安放垫板及底座→竖立杆、安放扫地杆→安装第一步水平杆→设置连墙装置→接立杆→依次安装上部水平杆→随进度安装斜杆或剪刀撑→安放可调托撑。

1. 基础处理(此工序操作要求可参照扣件式脚手架);
2. 放线定位(此工序操作要求可参照扣件式脚手架);
3. 安放垫板及底座。

垫板应准确地放置在定位线上,底座放在垫板上,不能偏离定位点中心,如图 6-2-1 所示。底座的轴线应当与地面垂直。

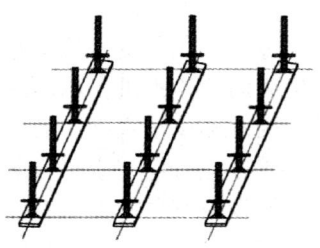

图 6-2-1 垫板与底座安放

在地势不平的地基上,或者是高层的重载脚手架立杆采用可调底座,以便调整立杆的高度,使立杆的碗扣接头都分别处于同一水平面上,如图 6-2-2 所示。

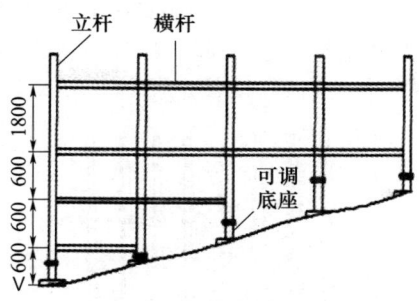

图 6-2-2 可调底座安装

4. 竖立杆、安放扫地杆

将立杆插入已经摆放好的底座上,确保完全插入并落在可调底座螺母上,如图 6-2-3 所示。设置底层立杆时,相邻两杆应使用不同的长度,避免立杆接头位置在同一高度。在竖立杆时,应及时设置纵、横向扫地杆,将所竖立杆连成一个整体,以保证支架的整体稳定,如图 6-2-4 所示。

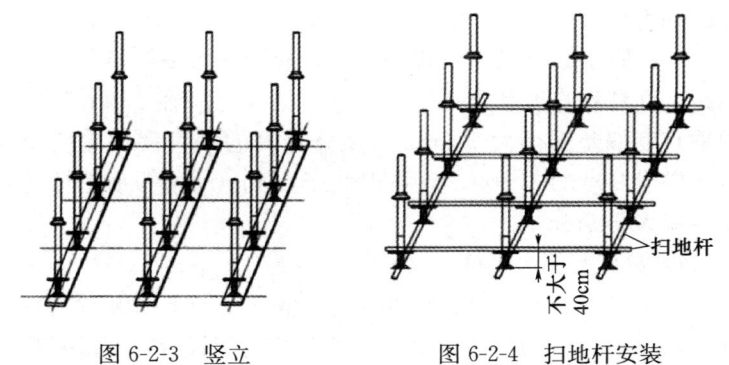

图 6-2-3 竖立　　　　图 6-2-4 扫地杆安装

5. 安装第一步水平杆

安装水平杆时,先将立杆上碗扣滑至限位销以上并旋转,使其搁在限位销上,将水平杆接头插入立杆下碗扣,待纵横向水平杆接头全部装好后,落下上碗扣并予以顺时针旋转锁紧,将横杆与立杆牢固地连接在一起,形成框架结构,如图 6-2-5 所示。

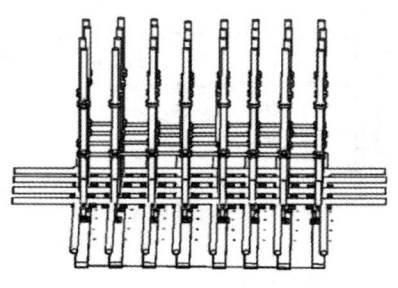

图 6-2-5 水平杆

6. 接立杆

(1) 立杆的接长是靠焊于立杆端部的外连接管承插而成。当底部立杆和水平杆安装完成后,可以往上接立杆,把上层立杆下端部的外连接套管插入下层立杆的顶部。接长时应注意立杆的垂直度。

(2) 脚手架每搭完一步架体后,应校正水平杆步距、立杆间距、立杆垂直度和水平杆水平度。架体立杆在 1.8m 高度内的垂直度偏差不得大于 5mm,架体全高的垂直度偏差应小于架体搭设高度的 1/600,且不得大于 35mm;相邻水平杆的高差不应大于 5mm。

7. 安装上部水平杆

按照第一步水平杆的安装方法,依次安装上部和顶层水平杆,如图 6-2-6 所示。纵、横向水平杆应连续设置,不得间断。

8. 安装斜杆或剪刀撑

斜杆或剪刀撑应随立杆和水平杆的搭设及时进行安装。

(1) 当用碗扣式系列斜杆时,斜杆应尽可能设置在框架节点上,装成节点斜杆;若斜杆不能设置在节点上时,应呈错节布置，装成非节点斜杆，如图 6-2-7 所示。

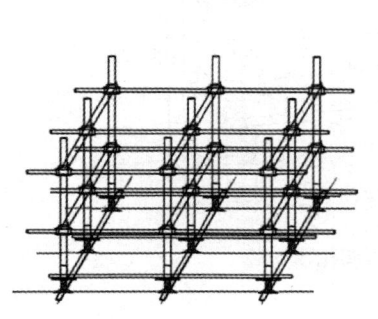

图 6-2-6　上部水平杆安装　　　图 6-2-7　斜杆安装

（2）剪刀撑可以用扣件和钢管组合而成，并沿竖向和水平向连续设置。竖向剪刀撑两个方向的交叉斜向钢管宜分别采用旋转扣件设置在立杆的两侧。剪刀撑杆件应每步与交叉处立杆或水平杆扣接，杆件接长应采用搭接。

9. 设置连墙装置

连墙装置应随架体搭设同步进行。当模板支架周围有主体结构时，应采取抱柱、支顶等措施及时进行可靠连接。连接点竖向和水平间距应符合规定要求。

10. 安装可调托撑

顶部水平杆设置完成后，将可调托座插入立杆顶部，其插入立杆长度不应小于 150mm，伸出立杆的长度不应大于 200mm（立杆钢管直径为 42mm 时）或伸出立杆的长度不应大于 500mm（立杆钢管直径为 48.3mm 及以上时），伸出顶层水平杆的悬臂长度不应超过 650mm，并保证螺杆与立杆钢管上下同心，如图 6-2-8 所示。

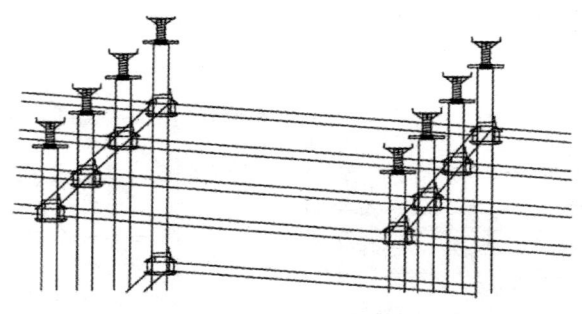

图 6-2-8 可调托撑安装

二、碗扣式钢管脚手架拆除

碗扣式脚手架拆除的准备工作、警戒区设置、作业指挥、拆除程序等可参照扣件式脚手架有关拆除作业要求,作业时应严格遵守安全操作规程,并按照专项施工方案中规定的顺序进行拆除。

(一)双排脚手架的拆除作业,必须符合下列规定

(1)架体拆除应自上而下逐层进行,严禁上下层同时拆除。

(2)连墙件应随脚手架逐层拆除,严禁先将连墙件整层或数层拆除后再拆除架体。

(3)拆除作业过程中,当架体的自由端高度大于两步时,必须增设临时拉结件。

(4)双排脚手架的斜撑杆、剪刀撑等加固件应在架体拆除至该部位时,才能拆除。

(二)模板支架的拆除作业,应符合下列规定

(1)架体拆除应符合现行国家标准《混凝土结构工程施工质量验收规范》(GB 50204)、《混凝土结构工程施工规范》(GB 50666)中混凝土强度的规定,拆除前应填写拆模申请单。

（2）预应力混凝土构件的架体拆除应在预应力施工完成后进行。

（3）架体的拆除顺序、工艺应符合专项施工方案的要求。当专项施工方案无明确规定时，应符合下列规定：

① 应先拆除后搭设的部分，后拆除先搭设的部分。

② 架体拆除必须自上而下逐层进行，严禁上下层同时拆除作业，分段拆除的高度不应大于两层。

③ 梁下架体的拆除，宜从跨中开始，对称地向两端拆除；悬臂构件下架体的拆除，宜从悬臂端向固定端拆除。

三、安全注意事项

（1）立杆与水平杆、斜杆连接时，应确保碗扣接头上下锁紧。如发现上碗扣扣不紧，或限位销不能进入上碗扣螺旋面时，应当从以下方面查找原因：

① 立杆与水平杆是否垂直。

② 相邻的两个下碗扣是否在同一水平面上（即水平杆的水平度是否符合要求）。

③ 下碗扣与立杆的同轴度是否符合要求。

④ 下碗扣的水平面同立杆轴线的垂直度是否符合要求。

⑤ 水平杆及接头是否变形。

⑥ 水平杆接头的弧面中心线同水平杆轴线是否垂直。

⑦ 下碗扣内有无砂浆等杂物填充等。

如是装配原因，则应调整后锁紧；如是杆件本身问题，则应及时更换。

（2）在多层楼板上连续搭设模板支撑架时，应分析多层楼板间荷载传递对架体和建筑结构的影响，上下层架体立杆宜对位设置。

（3）每搭完一步架体后，应及时校正水平杆步距、立杆间距、立杆垂直度和水平杆水平度，保证架体搭设质量符合设计要求和标准规定。

（4）其他安全注意事项参照扣件式钢管脚手架内容。

第三节　承插型盘扣式钢管脚手架

一、作业脚手架搭设

（一）搭设前应做好的准备工作

（1）脚手架施工前应根据施工对象情况、地基承载力、搭设高度，按本规程的基本要求编制专项施工方案，并应经审核批准后实施。

（2）搭设操作人员必须经过专业技术培训和专业考试合格后，持证上岗。脚手架搭设前，施工管理人员应按专项施工方案的要求对操作人员进行技术和安全作业交底。

（3）经验收合格的构配件应按品种、规格分类码放，并应标挂数量规格铭牌备用。构配件堆放场地应排水畅通、无积水。

（4）作业架连墙件、托架、悬挑梁固定螺栓或吊环等预埋件的设置，应按设计要求预埋。

（5）脚手架搭设场地必须平整、坚实、有排水措施。

（二）脚手架搭设应按顺序进行并应符合的规定

（1）脚手架立杆应定位准确，并应配合施工进度搭设，一次搭设高度不应超过最上层连墙件以上两步，且自由高度不应大于4m。

（2）双排外作业架连墙件应随脚手架高度上升同步在规定位置处设置，不得滞后安装和任意拆除。

（3）加固件、斜杆应与作业架同步搭设。采用扣件钢管做加固件、斜撑时应符合现行行业标准《建筑施工扣件式钢管脚手架安全技术规范》（JGJ 130）的有关规定。

（4）作业架顶层的外侧防护栏杆高出顶层作业层的高度不

应小于 1500mm。

（5）当立杆处于受拉状态时，立杆的套管连接接长部位应采用螺栓作为立杆连接件固定。

（6）脚手架可分段搭设、分段使用，应由施工管理人员组织验收，并应验收合格方可后使用。

（7）脚手架组装以 3~4 人为一小组为宜，其中 1~2 人递料，另外 2 人共同配合组装，每人负责一端。组装时，可由一边向另一边搭设，或从中间向两边推进，不能从两边向中间合拢组装，否则中间杆件会因两侧架子刚度太大而难以安装。

（三）作业架搭设方法

双排脚手架搭设顺序如下：

1. 基础处理（此工序操作要求可参照碗口式钢管脚手架）

2. 测量定位及安放垫板和可调底座（此工序操作要求可参照碗口式钢管脚手架）

3. 安装立杆套筒

将立杆套筒套入可调底座上方，基座下缘需完全置入扳手受力平面的凹槽内，如图 6-3-1 所示。

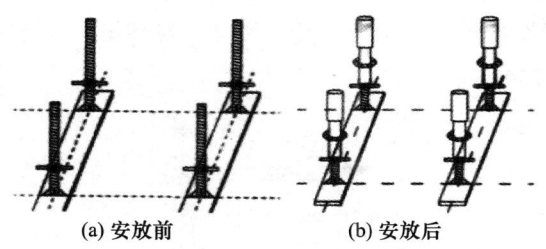

图 6-3-1　安放立杆套筒

4. 安装第一层（底层）水平杆

在离地高度不大于 550mm 处安装第一层（底层）水平杆，将水平杆头套入圆盘小孔位置，使水平杆头前端抵住立杆圆管，再以斜楔贯穿小孔敲紧固定，保证锤击自锁后不拔脱，如

图6-3-2所示。插销连接时一般用不小于0.5kg锤子连续敲击2次，使扣接头端部弧面与立杆外表面贴合，直至插销锁紧。锁紧后应保证再次击打时，插销下沉量不大于2mm。

5. 安装基础立杆

将基础立杆长端插入基座的套筒中，通过检查孔位置查看基础立杆是否插至套筒底部。基础立杆为未加装（连接棒）的立杆，仅在第一层搭接使用，如图6-3-3所示。

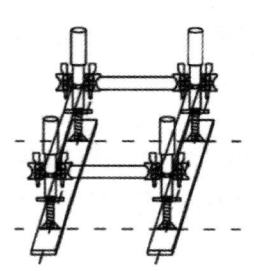

图6-3-2 第一层水平杆安装　　图6-3-3 基础立杆安装

6. 第二层水平杆

根据设计步距，依照上述步骤4，安装第二层水平杆，如图6-3-4所示。

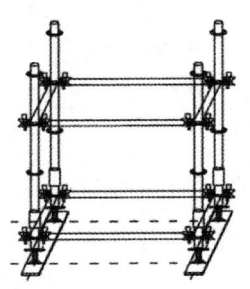

图6-3-4 第二层水平杆安装

7. 第一层竖向斜杆

在架体转角处、开口架端部及其他设计位置,将竖向斜杆全部依顺时针或全部依逆时针方向,套入立杆连接盘大孔位置,使竖向斜杆头前端抵住立杆圆管,再以斜楔贯穿大孔敲紧固定,如图 6-3-5 所示。安装时注意竖向斜杆具有方向性,方向相反即无法搭接。

8. 立杆连接

立杆以内插管(连接棒)进行连接,将连接棒插入下层管中即可,如图 6-3-6 所示。立杆连接时,内插管和外套管的检查孔务必对齐且方向一致,然后采用插销固定。

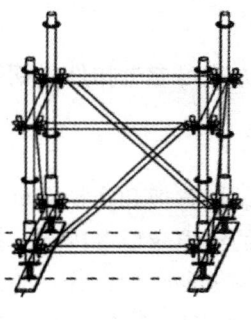 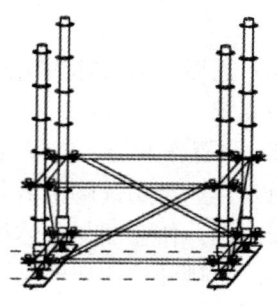

图 6-3-5 斜杆安装　　　图 6-3-6 立杆连接

9. 安装上部水平杆

依照上述步骤 4,继续安装上部水平杆,如图 6-3-7 所示。

10. 安装上部竖向斜杆

依照上述步骤(7. 第一层竖向斜杆)组装方式,按第一层竖向斜杆相同方向搭接以上各层竖向或斜向连续斜杆,如图 6-3-8所示。

11. 搭设连墙件

(1)连墙件应从底层第一道水平杆处开始设置。当架体搭设到连墙件设计位置点处,及时在有水平杆的盘扣节点旁设置连墙件,并用直角扣件与立杆连接。当底层无法及时安装连墙件时,应通过外扩搭设多排脚手架、加设抛撑来稳固架体。

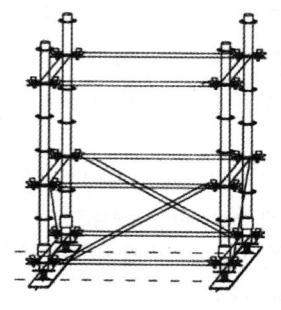
图 6-3-7　第三层水平杆安装

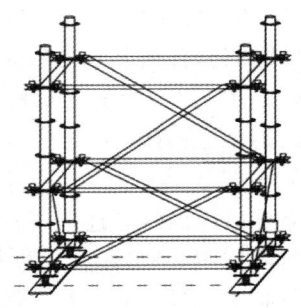
图 6-3-8　上部竖向斜杆安装

(2) 连墙件的具体做法和连接方式可参考扣件式钢管脚手架有关要求。

12. 设置作业层、挂设安全网

(1) 作业层满铺脚手板,外侧设挡脚板和防护栏杆,满挂密目安全网。作业层与主体结构间的空隙应设置内侧防护网;

(2) 双排外作业架外侧应设挡脚板和防护栏杆,防护栏杆可在每层作业面立杆的 0.5m 和 1.0m 的连接盘处布置两道水平杆,并应在外侧满挂密目安全网;

(3) 当采用钢脚手板时,钢脚手板的挂钩应稳固扣在水平杆上,挂钩应处于锁住状态。

13. 重复上述步骤,一直搭设到架体设计高度。

二、模板支架搭设

(一) 搭设程序及要求

模板支架搭设程序:基础处理→测量放线→摆放垫板和底座→安装立杆套筒→安装扫地杆→安装立杆(接立杆)→安装水平杆→同步安装斜杆与剪刀撑→安装顶部可调托撑。

第六章 常用脚手架搭设和拆除方法

（二）模板支架搭设应符合以下要求

（1）模板支架立杆搭设位置应按专项施工方案放线确定。

（2）模板支架搭设应按先立杆后水平杆再按斜杆的顺序搭设，形成基本的架体单元，应以此扩展搭设成整体支架体系。

（3）在多层楼板上连续设置支撑架时，上下层支撑立杆宜在同一轴线上。

（4）支撑架搭设完成后应对架体进行验收，并应确认符合专项施工方案要求后再进入下道工序施工。

（5）可调底座和可调托撑安装完成后，立杆外表面应与可调螺母吻合，立杆外径与螺母台阶内径差不应大于 2mm。

（6）水平杆及斜杆插销安装完成后，应采用锤击方法抽查插销，连续下沉量不应大于 3mm。

（7）当架体吊装时，立杆间连接应增设立杆连接件。

（8）架体搭设与拆除过程中，可调底座、可调托撑、基座等小型构件宜采用人工传递。吊装作业应由专人指挥信号，不得碰撞架体。

（9）脚手架搭设完成后，立杆的垂直偏差不应大于支撑架总高度的 1/500，且不得大于 50mm。

（三）搭设方法

1. 基础处理

模板支架基础应按照专项施工方案要求进行处理，并应符合作业架中基础处理的有关要求。

2. 测量放线

依照现场混凝土柱的位置，从中向两侧放线，原则是距离混凝土梁为 300mm 确定搭设的基准点。

3. 安放垫板和可调底座

将垫板和可调底座准确放置在定位线上，并将可调底座螺母调至同一水平高度。垫板应平整、无翘曲、无开裂不得采用已开裂木垫板。

4. 安装起始立杆

将立杆套筒放入已经摆放好的可调底座上,确保完全插入并落在可调底座螺母上,如图 6-3-9 所示。

5. 安装扫地杆和水平斜杆

通过扫地杆上的横杆头和楔形销与起始立杆上的圆盘上小孔锁紧,扫地杆距地面高度不大于 550mm。扫地杆安装完成后,需要通过水平尺来测量所有的扫地杆是否达到水平,如未达到水平,需通过可调底座来调节扫地杆位置,直到位置大体达到同一水平高度。对于高大模板支架,沿底层设置一道水平斜杆或扣件钢管剪刀撑,以后每隔 4~6 个标准步距均设置一道,如图 6-3-10 所示。

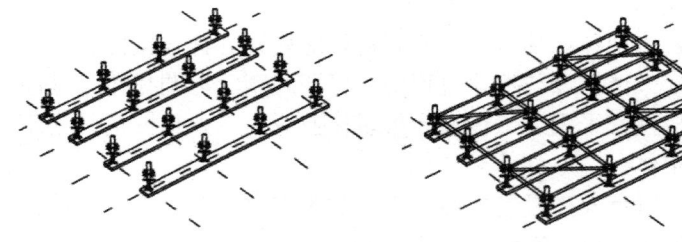

图 6-3-9 起始杆安装　　图 6-3-10 扫地杆和水平斜杆安装

6. 安装立杆

将标准立杆垂直插入安装好的立杆套筒内,如图 6-3-11 所示。立杆接长通过连接套管连接。

7. 安装水平杆、竖向斜杆

(1) 依步骤 4 安装第二步水平杆。

(2) 根据专项方案设计要求,在相应位置安装竖向斜杆,如图 6-3-12 所示。

(3) 依次向上搭设上层各步水平杆和竖向斜杆。

第六章 常用脚手架搭设和拆除方法

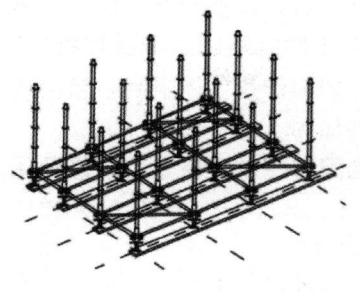

图 6-3-11　立杆安装　　图 6-3-12　安装水平杆和竖向斜杆

8. 设置拉结点

将架体与周围已建成的结构及时进行连接固定。对于架体周围外侧和中间有结构柱的部位，可按水平间距 6～9m、竖向间距 2～3m 与结构设置一个拉结点。

9. 搭设剪刀撑

随架体同步搭设扣件钢管剪刀撑。剪刀撑应用旋转扣件固定在立柱或水平杆，接长应采用搭接方式。

10. 设置可调顶托

将可调托撑插入顶部钢管立杆中，并保证可调托撑与立杆保证上下同心，避免偏心受力。U 形支托与模板主楞如有间隙必须用木块楔紧，确保托撑与模板支撑牢靠。

三、拆除作业

（一）作业架拆除作业

（1）作业架应经单位工程负责人确认并签署拆除许可令后，方可拆除。

（2）当作业架拆除时，应划出安全区，应设置警戒标志，并应派专人看管。

（3）拆除前应清理脚手架上的器具、多余的材料和杂物。

（4）作业架拆除应按先装后拆、后装先拆的原则进行，不应上下同时作业。双排外脚手架连墙件应随脚手架逐层拆除，分段拆除的高度差不应大于两步。如因作业条件限制，当出现高度差大于两步时，应增设连墙件加固。

（5）拆除至地面的脚手架及构配件应及时检查、维修及保养，并应按品种、规格分类存放。

（二）模板支架拆除作业

（1）模板支架拆除作业必须经批准后，方可进行施工。

（2）拆除作业应按后装先拆、先装后拆的原则进行，应从顶层开始，逐层向下进行，严禁同时上下作业，严禁抛掷。

（3）分段、分立面拆除时，应确定分界处的技术处理方案，分段后架体应稳定。

四、安全注意事项

（1）脚手架搭设作业人员应正确佩戴使用安全帽、安全带和防滑鞋。

（2）应执行施工方案要求，遵循脚手架安装及拆除工艺流程。

（3）脚手架使用过程应明确专人管理。

（4）应控制作业层上的施工荷载，不得超过设计值。

（5）如需预压，荷载的分布应与设计方案一致。

（6）脚手架受荷过程中，应按对称、分层、分级的原则进行，不应集中堆载、卸载；并应派专人在安全区域内监测脚手架的工作状态。

（7）脚手架使用期间，不得擅自拆改架体结构杆件或在架体上增设其他设施。

（8）不得在脚手架基础影响范围内进行挖掘作业。

（9）在脚手架上进行电气焊作业时，应有防火措施和专人监护。

(10) 脚手架应与架空输电线路保持安全距离，野外空旷地区搭设脚手架应按现行行业标准《施工现场临时用电安全技术规范》(JGJ 46)的有关规定设置防雷措施。

(11) 架体门洞、过车通道，应设置明显警示标示及防超限栏杆。

(12) 脚手架工作区域内应整洁卫生，物料码放应整齐有序，通道应畅通。

(13) 当遇有重大突发天气变化时，应提前做好防御措施。

(14) 其他安全注意事项参照扣件式钢管脚手架内容。

第四节　门式钢管脚手架安拆

一、作业脚手架搭设

(一) 准备工作

(1) 门式脚手架搭设拆除作业前，应根据工程特点编制专项施工方案，经审核批准后方可实施。专项施工方案应向作业人员进行安全技术交底，并应由安全技术交底双方书面签字确认。

(2) 门架与配件、加固杆等在使用前应进行检查和验收，验收合格的构配件及材料应按品种和规格分类堆放整齐、平稳。

(3) 对搭设场地应进行清理、平整，并应做好排水。

(4) 悬挑脚手架搭设前应检查预埋件和支撑型钢悬挑梁的混凝土强度。

(5) 在搭设前，应根据架体结构布置先在基础上弹出门架立杆位置线，垫板、底座安放位置应准确，标高应一致。

(6) 其他可参考扣件式钢管脚手架有关搭设准备工作内容。

（二）搭设程序

（1）一般落地式门式钢管脚手架的搭设顺序为：

基础处理→拉线、铺设垫木（板）→安放底座→自一端起立门架并随即装交叉支撑（底部架还需安装扫地杆、封口杆）→安装水平架（或脚手板）→安装钢梯→（需要时安装水平加固杆）→装设连墙件→按照上述步骤逐层向上安装→按规定位置搭设剪刀撑→安装栏杆→挂设安全网。

（2）门式脚手架的搭设程序应符合下列规定：

① 门式脚手架的搭设应与施工进度同步，一次搭设高度不应超过最上层连墙件两步，且自由高度不大于4m，以保证脚手架的稳定性。

② 作业脚手架的搭设应自一端延伸向另一端，由下而上按步搭设，并应逐层改变搭设方向，如图6-4-1所示。不应自两端向中间或自中间向两端搭设，以免结合部位错位，难以连接。

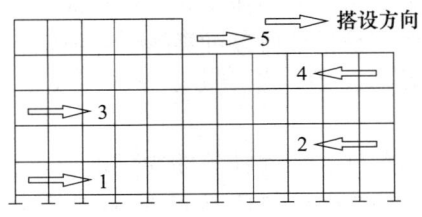

图6-4-1 门式脚手架搭设方向

③ 每搭设完两步门架后，应校验门架的水平度及立杆的垂直度。

④ 安全网、挡脚板和栏杆应随架体的搭设及时安装。

⑤ 支撑架应采用逐列、逐排和逐层的方法搭设。

（三）搭设方法

下面以最常用的落地式脚手架为例，介绍门式作业脚手架的搭设方法。

1. 处理基础

按照门式脚手架构造技术中的要求，对基础进行处理，并在基础上弹出门架立杆位置线。

2. 铺设垫板、安放底座

在基础定位线上铺设厚度不小于 50mm，宽度不小于 200mm，长度不小于 1500mm 的垫板，安放立杆底座。垫板和底座安放位置应准确，标高应一致，如图 6-4-2 所示。

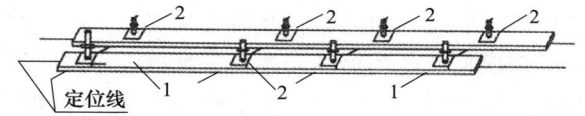

1—垫板；2—底座。

图 6-4-2 铺设垫板、安放底座

3. 立门架、安装交叉支撑以及水平架或脚手板

（1）在脚手架的一端将第一榀和第二榀门架立在底座上后，纵向立即用交叉支撑连接两根门架的立杆，门架的内外两侧安装交叉支撑，如图 6-4-3 所示。

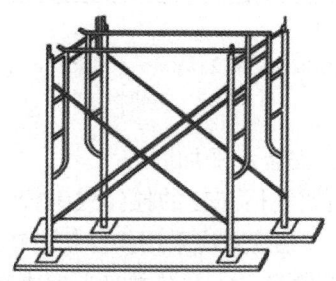

图 6-4-3 立门架、安装交叉支撑

（2）随后，在顶部水平面上安装水平架或挂扣式脚手板，如图 6-4-4 所示，搭成门式钢管脚手架的一个基本结构。

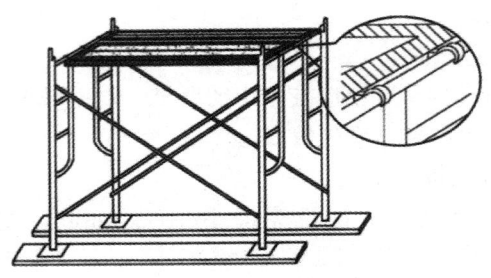

图 6-4-4 水平架或挂扣式脚手板

（3）以后每安装一榀门架都及时安装交叉支撑、水平架或脚手板，并依次按此步骤沿纵向逐跨安装搭设，同时用扣件将钢管固定在门架立杆底部，安装纵横向扫地杆，如图 6-4-5 所示。

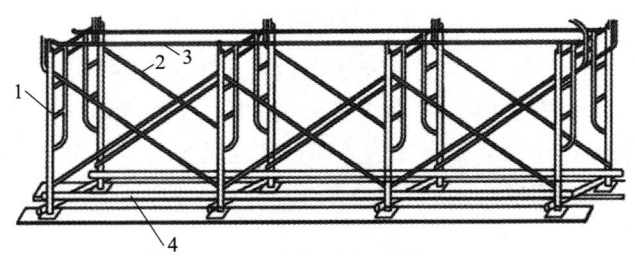

1—门架；2—交叉支撑；3—水平架；4—扫地杆。
图 6-4-5 安装扫地杆

4. 安装钢梯、安装水平加固杆

（1）安装与门架规格配套的挂扣式钢梯，如图 6-4-6 所示。底层钢梯底部应加设钢管并应采用扣件扣紧在门架立杆上。

（2）在门架两侧的立杆上设置水平加固杆，并采用扣件与门架立杆扣紧。水平加固杆应设于门架立杆的内侧。对于设置了水平架的架体，可每隔 4 步在门架两侧设水平加固杆对架体进行加固。

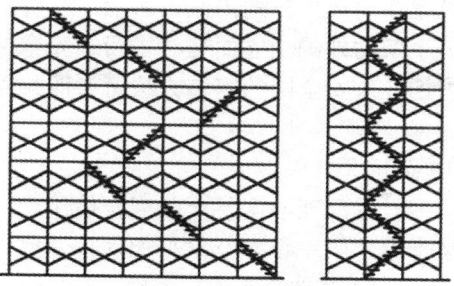

图 6-4-6　安装钢爬梯

5．装设连墙件

按照脚手架施工方案要求，当架体搭设到连墙件设计位置时应及时安装连墙件，并牢靠固定在门架的立杆上，如图 6-4-7 所示。当底层无法及时设置连墙件时，可以设置抛撑对架体进行临时固定。

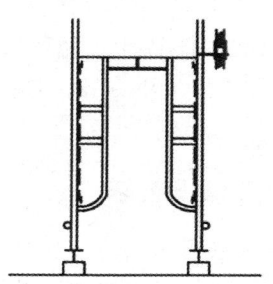

图 6-4-7　安装连墙件

6．安装剪刀撑

剪刀撑由钢管构成，安装在门架立杆的外侧，并采用旋转扣件与门架立杆扣紧。

7．安装栏杆、挂设安全网

（1）在施工作业层外侧周边设置两道栏杆和 180mm 高的挡脚板。上道栏杆高度为 1.2m，下道栏杆居中设置，挡脚板和栏杆均应设置在门架立杆的内侧。

（2）在脚手架的外侧全立面挂设密目式安全网。

（3）防护栏杆及安全网的安装方法可参照扣件式钢管脚手架有关内容。

8. 搭设注意事项

（1）不同型号的门架与配件严禁混合使用。

（2）交叉支撑、脚手板以及水平加固杆、剪刀撑、扫地杆等加固杆件必须与门架同步搭设。

（3）连墙件必须随脚手架搭设同步进行，严禁滞后安装或漏设。当脚手架操作层高出相邻连墙件以上两步时，在连墙件安装完毕前必须采用确保脚手架稳定的临时拉结措施。

（4）连接门架的锁臂、挂钩必须处于锁住状态。

（5）水平架或脚手板应在同一步内连续设置，脚手板应满铺。

（6）扣件规格应与所连接的门架、加固杆钢管外径相匹配，不允许以不匹配的扣件替代。扣件螺栓拧紧扭力矩宜为 40~65N·m，并不得小于 40N·m。各杆件端头伸出扣件盖板边缘长度不应小于 100mm。

二、支撑脚手架搭设要求

（1）模板支架的地基承载力应经计算确定，并应符合本节作业脚手架的要求和专项施工方案的有关要求。

（2）模板支架应采用逐列、逐排和逐层的方法搭设。

（3）支架立杆底部应放置在垫木上，垫木上应设置固定或可调底座。门架、调节架及可调底座，其高度应按其支撑的高度确定。

（4）支架立杆上端应设置可调托座和托梁，可调托座调节螺杆的高度不宜超过 200mm。

（5）底座和托座与门架立杆轴线的偏差不应大于 2.0mm。

(6) 板支架跨距（或间距）宜是梁支架跨距（或间距）的整倍数，梁下横向水平加固杆应伸入板支架内不少于 2 根门架立杆，并应与板下门架立杆扣紧。

(7) 底层门架立杆上应分别设置纵向、横向扫地杆，并采用扣件与门架立杆扣紧。

(8) 每步门架两侧立杆上应设置纵向、横向水平加固杆，并应采用扣件与门架立杆扣紧。

(9) 模板支架应参照扣件钢管模板支架搭设剪刀撑，并应符合下列要求：

① 在支架的外侧周边及内部纵横向每隔 6～8m，应由底至顶设置连续竖向剪刀撑。

② 搭设高度 8m 及以下时，在顶层应设置连续的水平剪刀撑；搭设高度超过 8m 时，在顶层和竖向每隔 4 步及以下应设置连续的水平剪刀撑。

③ 水平剪刀撑宜在竖向剪刀撑斜杆交叉层设置。

(10) 支架的四周和内部纵横向应与建筑结构柱、墙进行刚性连接，连接点应设在水平剪刀撑或水平加固杆设置层，并应与水平杆连接。当支架的高宽比大于 2 时，应按规定设置缆风绳或连墙件。

(11) 顶部操作层应采用挂扣式脚手板铺满。

三、脚手架拆除

(一) 准备工作

架体拆除应按专项施工方案实施，并应在拆除前做好下列准备工作：

(1) 作业脚手架在拆除前，应检查架体构造、连墙件设置、节点连接，当发现有连墙件、剪刀撑等加固杆件缺少、架体倾斜失稳或门架立杆悬空情况时，对架体应先行加固后再拆除。

（2）应根据拆除前的检查结果补充完善专项施工方案。

（3）应清除架体上的材料、杂物及作业面的障碍物。

（4）模板支架在拆除前，应检查架体各部位的连接构造、加固件的设置，应明确拆除顺序和拆除方法。

（5）在拆除作业前，对拆除作业场地及周围环境应进行检查，拆除作业区内应无障碍物，作业场地邻近的输电线路等设施应采取防护措施。

（6）根据拆除前的检查结果补充完善拆除方案，对拆除作业人员进行书面安全技术交底。

（7）在拆除作业区域设置警戒区和警戒标志，并由专职人员负责警戒工作。

（二）拆除程序和要求

（1）脚手架的拆除，应按照后装先拆、先装后拆的顺序自上而下逐层拆除。同一步（层）的构配件和加固件应按先上后下，先外后内的顺序拆除。

（2）每一层从一端的边跨开始拆向另一端的边跨，先拆顶部扶手和栏杆，然后拆除脚手板或水平架、扶梯，再拆水平加固杆和剪刀撑；接着自顶部跨边开始拆除交叉剪刀撑，同步拆除顶层连墙件与顶层门架；然后继续向下同步拆除下面各步门架及配件，对于连墙件、长水平杆、剪刀撑，必须在脚手架拆到相关跨门架后，方可拆除；一直拆到底层，拆除扫地杆、底层门架及封口杆；最后拆除基座，运走垫板和垫块。

（3）拆除作业时应注意以下事项：

① 在拆除过程中，脚手架的自由高度大于 2 步时，必须加设临时拉结。

② 连墙件必须随脚手架逐层拆除，严禁先将连墙件整层或数层拆除后再拆架体。

③ 拆除连接部件时，应先将制动装置旋转至开启位置，然后拆除，不得硬拉，严禁敲击。在拆除作业中，严禁使用手

锤等硬物击打、撬别。

④ 当门式脚手架需分段拆除时,架体不拆除部分的两端应采取加固措施后再拆除。

⑤ 拆下的门架及配件、加固杆等不得集中堆放在未拆除架体上,应成捆采用机械或人工运至地面,宜按照品种、规格分别存放,严禁抛投。

⑥ 拆除过程中,作业人员必须有可靠的作业平台,并按规定使用防护用品。

第七章　脚手架常见隐患及防范措施

改革开放四十年来,随着我国经济的迅速发展,高层建筑和超高层建筑、桥梁和地下工程、多层工业厂房和大跨度建筑的大量兴建,促使模板和脚手架的应用日渐增多,但是,一些施工单位由于不重视模板和脚手架工程在施工中的重要作用,导致安全事故不断发生。这不仅影响工程质量、施工进度和工程造价,而且影响施工企业的声誉和发展前途。根据有关资料统计表明,在建筑工程施工中,涉及脚手架的安全事故时有发生,特别在高层建筑中出现事故的概率相当高,在不同程度上造成人员伤亡、财产损失和对工期的影响。

这些事故的教训是深刻的,从对事故发生的主要原因的分析中,可以得到许多启示,对于我们增强防范意识,辨识事故风险,强化预防措施,有效防止和减少事故的发生都大有益处。

第一节　脚手架工程危险分析

由于建筑工程高空作业多、施工周期长,在安全问题上往往会产生麻痹思想,因此在脚手架工程的准备、搭设、使用、拆除、运输及保管的全过程中,必须始终贯彻"安全第一、预防为主"的方针,采取切实可行的安全措施,防止安全事故的发生。因此,应对脚手架安全事故进行仔细分析,认真查找原因、寻找对策、提出相应预防措施,保证施工活动安全、有序地进行,是提高企业经济效益、确保工程质量和企业良好声誉

第七章 脚手架常见隐患及防范措施

的重要措施。

脚手架工程中常见的事故类别主要有：高处坠落、坍塌、物体打击、触电、机械和其他伤害（如挤伤、割伤、扎伤、碰伤、烧伤等），其中高处坠落、坍塌和物体打击事故的发生概率最大。

有关脚手架工程危险分析，包括主要事故类型、主要施工阶段、事故诱因、危险等级等，见表 7-1-1。

表 7-1-1　脚手架工程主要危险分析

主要事故类型	主要施工阶段	事故诱因	危险等级
高处坠落	架体的搭设、使用和拆除阶段	1. 未及时搭设安全防护设施或防护不严密，或提前拆除安全防护设施； 2. 作业人员未按要求佩戴安全带及安全帽等安全防护用品，或有其他违反高处作业安全行为； 3. 架体作业面有关杆件或脚手板不牢固而发生松动、倾覆、断裂等	Ⅰ
坍塌	架体的搭设、使用和拆除阶段，特别是作业脚手架使用和拆除以及模板支架浇筑混凝土和拆模过程中	1. 架体未按方案和标准要求搭设； 2. 基础发生严重破坏或不均匀沉降； 3. 架体未进行施工验收或验收不合格投入使用； 4. 作业脚手架未按规定设置连墙件，或擅自提前拆除有关杆件或连墙件； 5. 作业脚手架上严重超载； 6. 模板支架承载力不足，或未按规定进行混凝土浇筑作业； 7. 违规提前拆除模板支撑系统，或有其他违章拆除行为	Ⅰ
物体打击	架体的搭设、使用和拆除阶段	1. 搭设和拆除作业时未设置警戒区； 2. 交叉作业安全防护不到位； 3. 作业人员违反高处作业安全规定，违章作业	Ⅱ

续表

主要事故类型	主要施工阶段	事故诱因	危险等级
触电	架体的搭设、拆除阶段	1. 对外电线路安全防护不到位； 2. 作业人员违章作业； 3. 临时用电线路私拉乱扯，有关漏电、断路等安全电器的保护功能失效	Ⅱ
机械或其他伤害	架体的搭设、拆除阶段	1. 作业人员未按要求佩戴安全防护用品，或违规操作和使用施工机具或作业工具； 2. 施工机具不符合安全使用要求； 3. 违章动火作业	Ⅲ

第二节 脚手架工程的事故原因分析

通过对一些具有代表性的脚手架事故的实例分析，我们可以清楚地发现，发生脚手架事故，既有直接原因，也有间接原因。

一、发生脚手架事故的直接原因

在引发脚手架事故的直接原因中，有设计不合理造成的，有技术方面造成的，也有指挥不当或操作不当造成的，还有突然发生的、自然因素和外来因素的影响造成的，归纳起来主要有以下几方面：

（1）由于不重视脚手架施工方案设计，对于一些超常规的脚手架仍按以往经验搭设，以致脚手架构造不合理，承载能力不能满足实际需要。

（2）不重视外脚手架对连墙件的设置，或在建筑立面不规则处连墙件设置数量不足，或是在使用过程中任意拆除连墙件而又不及时恢复。

（3）工程为了抢工期、赶进度，违反施工组织要求，多层上下同时作业，造成脚手架严重超载，或者脚手架上堆料过多造成局部超载。

（4）遇到突发的自然因素和外来因素的影响，造成脚手架失稳或损坏，如暴雨大风、猛烈的机械碰撞等。

（5）在搭设脚手架前，未按有关规定对地基进行处理，在施工过程中出现地基不均匀沉降，从而造成脚手架坍塌事故。

（6）作业层未按规定要求设置安全防护设施，如外侧未设置封闭的安全网，脚手架上未设置防护栏杆和挡脚板，或者设置的标准不符合要求。

（7）脚手板未按规定进行铺设，板与板之间的间隙过大，或者脚手板搁置不稳、固定不牢，有探头板现象，或受载后脚手板出现断裂。

（8）脚手架上的工作面比较狭窄，再加上施工人员或架上堆料过多，操作人员在作业时相互拥挤碰撞，或上下脚手架行走不便。

（9）在脚手架上施工用力过猛，或脚手板较滑造成身体失稳、滑倒，从而造成人员高空坠落、落物伤人等事故。

（10）钢管脚手架搭设在高压架空电线的安全距离内，且没有任何防护措施，造成施工人员因不小心触电的伤亡事故。

（11）在旷野、空旷地带和落雷区的脚手架，或高出相邻建筑物的脚手架，未按有关规定设置避雷设施，造成雷击伤亡事故。

（12）在脚手架的拆除过程中，不按规定的顺序和要求拆除，而是随心所欲地乱拆除，造成脚手架倾倒垮塌和局部垮架事故；或在拆除过程中将拆下的材料从高处抛下，造成落物伤人事故。

二、发生脚手架事故的间接原因

发生脚手架事故的间接原因主要有两个方面：一是安全管理工作不到位，二是工人的安全防护意识差。虽然是发生脚手架事故的间接原因，但却是导致直接原因的重要因素。因此，对间接原因也应当引起足够重视。

（1）根据《职业技能考评标准：架子工》（T/ZJX 006—2018）规定：架子工的基本文化程度为初中文化，而相关统计表明我国建筑业从业人员中三分之二以上是农民工，50%～60%的农民工因未参加岗前培训或岗前培训的质量不能保证，应具备的基础知识相对较差，缺乏必要的安全技能。

（2）施工单位的安全管理不严格，安全措施落实不到位，导致施工环境恶劣。

（3）在实际施工之前，施工企业的技术人员没有按规定对作业人员进行书面安全技术交底，为赶工期而仓促施工，操作中管理也非常马虎。

（4）施工现场不按标准规范进行安全防护，管理人员不到现场监督检查，导致施工作业人员违章作业，不按要求安装和拆除脚手架是造成倾覆事故的重要原因。

第三节 常见问题及防范措施

脚手架工程，尤其是超高作业脚手架和高大模板支架工程，其结构和使用环境复杂，安装技术要求高，承受的荷载较大，施工作业危险性强，稍有疏忽，就极易发生生产安全事故。脚手架在搭设、使用和拆除等环节常见的问题比较多，涉及人员资格、施工技术、管理不到位等多个方面，这些问题的存在往往是导致事故发生的主要原因。

第七章 脚手架常见隐患及防范措施

下面就扣件式钢管脚手架工程常见的一些问题进行归纳分析。

一、人员因素

人员因素见表 7-3-1。

表 7-3-1 人员因素

安全隐患	防范措施
脚手架搭设及拆除作业人员无证上岗或证件失效	检查队伍资质和作业人员上岗证,做到人证统一且有效
脚手架搭设及拆除作业人员作业前未进行相关安全教育培训和安全技术交底	建立工人三级安全教育台账、培训档案、安全技术交底台账,做到入场教育、安全交底100%
脚手架搭设及拆除作业人员未正确使用安全防护用品、安全防护用品没有检测合格报告或处于失效状态	按照《职业健康安全管理制度》的规定进行教育和处理,重点强化防护用品安全有效性的识别教育
安排患有高血压、心脏病、恐高症、人员视力差等不适宜高空上作业人员高空搭拆脚手架	对高空作业人员身体状况进行检查或测试确认健康才能作业,现场抽查和询问,发现此情况的调整调离;坚决杜绝违章指挥
附着式升降脚手架提升或下降时下方未设置警戒区域,架体上有人逗留	附着式升降脚手架提升或降落时下方设置警戒隔离区域,提升、下降过程中严禁上人
其他违反施工操作规程及施工现场管理制度的行为	加强施工操作规程和现场管理制度的交底和宣贯

错误案例 1

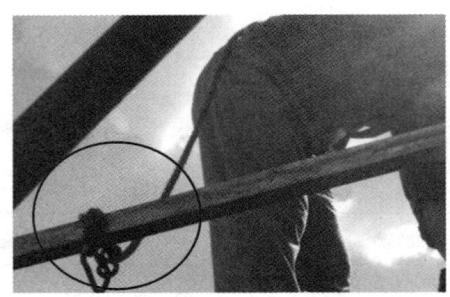

安全问题:安全带严重磨损,且应高挂低用。

相关依据:现行《建筑施工安全检查标准》(JGJ 59)第 3.13.3.条——高处作业人员应按规定系挂安全带;安全带的系挂应符合规范要求;安全带的质量应符合规范要求。

错误案例 2

安全问题:高处作业未系挂安全带,未戴安全帽。

相关依据:现行《建筑施工安全检查标准》(JGJ 59)第 3.13.3 条——

1. 进入施工现场的人员必须正确佩戴安全帽;
2. 现场使用的安全帽必须是符合国家相应标准的合格产品。

错误案例 3

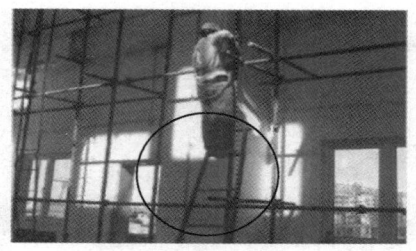

安全问题：脚手架作业层使用梯子进行作业。

相关依据：现行《建筑施工高处作业安全技术规范》(JGJ 80) 第 5.1.3 条——同一梯子上不得两人同时作业。在通道处使用梯子作业时，应有专人监护或设置围栏。脚手架操作层上严禁架设梯子作业。

错误案例 4

安全问题：施工时未满铺脚手板；高处作业未系挂安全带。

相关依据：现行《建筑施工脚手架安全技术统一标准》(GB 51210) 第 8.2.8 条——作业脚手架的作业层上应满铺脚手板，并应采取可靠的连接方式与水平杆固定；现行《建筑施工安全检查标准》(JGJ 59) 第 3.13.3.3 条——安全带的系挂应符合规范要求。

错误案例 5

安全问题：作业人员从脚手架外立面上下攀爬。

相关依据：现行《建筑施工安全检查标准》(JGJ 59)第3.3.4.5条——架体应设置供人员上下的专用通道；相关标准参照《建筑施工扣件式钢管脚手架安全技术规范》(JGJ 130)第6.7.3条。

二、材料因素

材料因素见表7-3-2。

表7-3-2 材料因素

安全隐患	防范措施
脚手架承重型材、钢管、扣件、安全网、密目网未检测就使用	现场检查材料供应厂家提供的检测合格证并对现场脚手架材料按相关规定进行抽样送检并取得相应的检验合格报告
脚手架型材、钢管变形、裂纹、压扁和锈蚀；扣件含碳量高、表面裂纹、变形、锈蚀，扣件的螺栓无垫片、垫片不符合国家标准的要求或夹砂；木制脚手板铺板厚度、宽度、表面质量不合格，无检验合格证；钢制脚手板表面存在扭曲变形、锈蚀等质量问题等缺陷仍用于承重脚手架搭设；安全网不符合相关规范要求	现场检查材料是否与检测报告相一致，材料进场入库执行严格的检验制度，不合格的材料不得进场。对已进场的不合格构件统一清理出场或封存，严禁使用

第七章 脚手架常见隐患及防范措施

错误案例 6

安全问题：脚手架杆件腐蚀、损坏断裂。

相关依据：现行《建筑施工脚手架安全技术统一标准》（GB 51210）第 11.1.5 条——脚手架在使用过程中，应定期进行检查，检查项目应符合下列规定：

1. 主要受力杆件、剪刀撑等加固杆件、连墙件应无缺失、无松动，架体应无明显变形。

……

错误案例 7

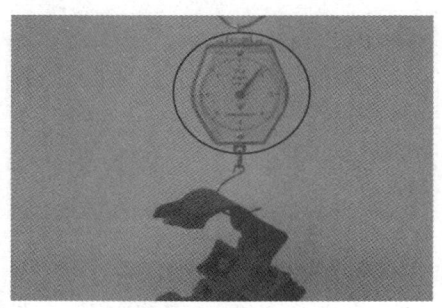

安全问题：扣架质量不合格。

相关依据：国家标准为 13.2N/1.35kg，某次坍塌事故现场实测为 8.7N/0.89kg，比标准质量低 34%。

错误案例 8

安全问题：架体密目网破损。

相关依据：现行《建筑施工扣件式钢管脚手架安全技术规范》（JGJ 130）第 9.0.12 规定单、双排脚手架、悬挑式脚手架沿架体外围应用密目式安全网全封闭，密目式安全网宜设置在脚手架外立杆的内侧，并应与架体绑扎牢固。

错误案例 9

安全问题：脚手架钢管开裂。

相关依据：钢管应采用现行国家标准《直缝电焊钢管》（GB/T 13793）或《低压流体输送用焊接钢管》（GB/T 3091）中规定的 Q235 普通钢管，型号应采用 $\phi 48.3mm \times 3.6mm$，材料进场应提供产品合格证且进行验收，合格后方可投入使用。

三、搭设因素

搭设因素见表 7-3-3。

表 7-3-3 搭设因素

安全隐患	防范措施
脚手架搭设前地基未作验收，地基承载力达不到设计要求，落地脚手架基础无排水措施	现场检查验收，管理人员严格按照现行《建筑施工扣件式钢管脚手架安全技术规范》（JGJ 130）标准要求，夯实地基，如无法夯实，应增加扫地杆加固并经过检查符合安全要求后方能投入使用，架体周围设置有效的排水措施
脚手架杆件、扣件、脚手板、安全网、拉结点设置不符合规范要求	在搭设脚手架过程中严格按照方案和交底进行过程检查和旁站监督，在搭设过程中纠偏

错误案例 10

安全问题：脚手架立杆纵向间距过大、外脚手架部分杆件缺失。

相关依据：现行《建筑施工扣件式钢管脚手架安全技术规范》（JGJ 130）第 6.1.1 条——常用密目式安全立网全封闭、双排脚手架结构的设计尺寸，可按照表 6.1.1-1 采用。第 9.0.13 条——在脚手架使用期间，严禁拆除下列杆件：

1. 主节点处的纵、横向水平杆，纵、横向扫地杆；
2. 连墙件。

错误案例 11

安全问题：外架与主楼之间空隙过大，无防护措施。

相关依据：现行《建筑施工脚手架安全技术统一标准》(GB 51210) 第 8.2.8 条——作业脚手架的作业层上应满铺脚手板，并应采取可靠的连接方式与水平杆固定。当作业层边缘与建筑物间隙大于 150mm 时，应采取防护措施。作业层外侧应设置栏杆和挡脚板。

错误案例 12

安全问题：脚手架预埋件周围无附加加强筋。

相关依据：现行《建筑施工扣件式钢管脚手架安全技术规范》(JGJ 130) 第 6.10.5 条——悬挑钢梁 U 形螺栓固定构造中应在角部附加两根长 1.5m、ϕ18mmHRB335 钢筋。

第七章　脚手架常见隐患及防范措施

错误案例 13

安全问题：脚手架扫地杆离地高度超过 200mm 且纵、横杆安装顺序错误。

相关依据：现行《建筑施工安全检查标准》(JGJ 59) 第 3.3.3 条——架体应在距立杆

底端高度不大于 200mm 处放置纵、横向扫地杆，并应用直角扣件固定在立杆上，横向扫地杆应设置在纵向扫地杆的下方。

错误案例 14

安全问题：脚手架纵向水平杆三个接头在同一跨内。

相关依据：现行《建筑施工扣件式钢管脚手架安全技术规范》(JGJ 130) 第 6.2.1 条——两根相邻纵向

水平杆的接头不应设置在同步或同跨内；不同步或不同跨两个相邻接头在水平方向错开的距离不应小于 500mm；各接头中心至最近主节点的距离不应大于纵距的 1/3。

错误案例 15

安全问题：脚手架立杆接头全部在同一步。

相关依据：现行《建筑施工扣件式钢管脚手架安全技术规范》(JGJ 130)第 6.3.6 条——脚手架立杆的对接、搭接应符合下列规定：

当立杆采用对接接长时，立杆的对接扣件应交错布置，两根相邻立杆的接头不应设置在同步内，同步内隔一根立杆的两个相隔接头在高度方向错开的距离不宜小于500mm；各接头中心至主节点的距离不宜大于步距的1/3。

错误案例 16

安全问题：脚手架接头中心距最近主节点的距离大于纵距的1/3。

相关依据：现行《建筑施工扣件式钢管脚手架安全技术规范》(JGJ 130)第 6.2.1 条——各接头中心至最近主节点的距离不应大于纵距的1/3。

第七章 脚手架常见隐患及防范措施

错误案例 17

安全问题：脚手架立杆悬空并且有积水。

相关依据：现行《建筑施工安全检查标准》(JGJ 59) 第3.3.3条——立杆基础应按方案要求平整、夯实，并应采取排水措施，立杆底部设置的垫板、底座应符合规范要求。

错误案例 18

安全问题：手动葫芦直接固定在脚手架上使用。

相关依据：现行《建筑施工脚手架安全技术统一标准》(GB 51210) 第11.2.2条——严禁将支撑脚手架、缆风绳、混凝土输送泵管、卸料平台及大型设备及支撑件等固定在作业脚手架上。严禁在作业脚手架上悬挂起重设备。

四、使用因素

使用因素见表 7-3-4。

表 7-3-4　使用因素

安全隐患	防范措施
脚手架搭设完成后未经过验收就投入使用	严格按照规范要求组织相关人员进行架体验收
脚手架各杆件扣件紧固力矩达不到规范要求，造成在使用过程中松脱	扣件拧紧力矩不应小于 40N·m，且不应大于 60N·m
脚手架使用过程中将局部拉结点拆除	脚手架拉结点使用醒目颜色油漆涂刷，并张挂"严禁拆除"标语牌
操作面未满铺脚手板，或存在未牢固固定探头板	脚手架应在操作面满铺脚手板，并有短钢管或镀锌钢丝固定
非承重脚手架堆放大量材料，承重脚手架操作面未按规定堆放荷载，堆放荷载超载未及时清运到安全区域	日常加强监督和安全交底，非承重脚手架严禁堆放大量材料，承重脚手架按照方案堆放荷载，严禁超载
施工过程中利用非承重外脚手架作为模板支撑架体或模板支撑架体与外脚手架相连	模板支撑体系必须独立设置，严禁与外脚手架相连
利用脚手架钢管作为焊接接地线	电焊接地线只能使用导线，不得以任何金属代替或接长

第七章　脚手架常见隐患及防范措施

错误案例 19

安全问题：外脚手架低于作业面。

相关依据：现行《建筑施工扣件式钢管脚手架安全技术规范》(JGJ 130) 第 6.3.7 条——脚手架立杆顶端栏杆宜高出女儿墙上端 1m，宜高出檐口上端 1.5m。第 7.3.1 条——单双排脚手架必须配合施工进度搭设。

错误案例 20

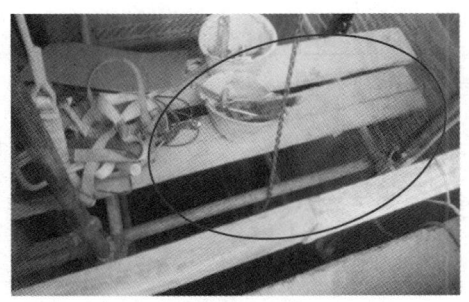

安全问题：脚手架上跳板未铺满，跳板上堆放工具等杂物。

相关依据：现行《建筑施工扣件式钢管脚手架安全技术规范》(JGJ 130) 第 9.0.11 条——脚手板应铺设牢靠、严实，并应用安全网双层兜底。施工层以下每隔 10m 应用安全网封闭。

167

错误案例 21

安全问题：外架安全平网部分脱落，网内存在垃圾。

相关依据：现行《建筑施工扣件式钢管脚手架安全技术规范》（JGJ 130）第 9.0.11 条——脚手板应铺设牢靠、严实，并应用安全网双层兜底。施工层以下每隔 10m 应用安全网封闭。

五、拆除因素

拆除因素见表 7-3-5。

表 7-3-5　拆除因素

安全隐患	防范措施
拆除作业不按拆除顺序进行，人员上下同时作业，连墙件未做到一步一清	拆除脚手架时应四周同时进行，禁止单面拆除后再拆另一面，拆除作业必须由上而下逐层进行，严禁上下同时作业，连墙件必须随脚手架逐层拆除，严禁先将连墙件整层或数层拆除后再拆脚手架；分段拆除高差不应大于 2 步，如高差大于 2 步，应增设连墙件加固
拆除脚手架时将拆下的材料往下抛掷	拆下的脚手杆、脚手板、钢管、扣件、钢丝绳等材料，严禁往下抛掷，应逐层递下或堆放在卸料平台、屋面集中调运
在恶劣天气条件进行脚手架的拆除作业	当有六级强风及以上风、浓雾、雨或雪天气时应停止脚手架搭设与拆除作业

第八章 事故案例分析

第一节 外架作为模板支撑体系导致坍塌

2020年10月8日10时50分左右，某县看守所迁建工程业务楼的天面构架模板发生坍塌事故，造成8人死亡，1人受伤，事故直接经济损失共约1163万元。涉事建筑为业务楼，建筑面积3675.26m²，事故发生前现场如图8-1-1所示。

图 8-1-1 事故发生前

169

一、事故简介

看守所迁建工程业务楼位于在建监区东侧,坐西向东,南北西三侧为内部道路,东面为前广场。该楼西面设置一台物料提升机,四周采用双排钢管脚手架防护,涉事坍塌的天面构架位于业务楼东侧,长 25.3m,宽 1.6m,构架顶最高点距地面高度 19.6m。

2020 年 10 月 8 日 8 时 10 分左右,9 名混凝土工人(班组领班:潘某某)在业务楼天面顶开始浇筑混凝土,泵车控制员朱某某在屋面上操作泵车,混凝土工人先浇筑天面飘板混凝土,由于泵车泵臂长度不够,9 名混凝土工人和泵车控制员转为浇筑天面构架四根框架柱混凝土,再浇筑构架梁和挂板,浇筑完两车混凝土后,因混凝土供料中断,领班潘某某下楼找项目部调料,约 1h 后,第三车混凝土到场,开始浇筑构架梁和挂板,在第三车混凝土接近浇筑完时(10 时 50 分左右),支撑体系失稳导致坍塌,泵车控制员朱某某跳至屋面层(受伤人员),潘某某正在上楼,其他 8 名工人随同坍塌架体跌落至地面。事故发生后现场如图 8-1-2、图 8-1-3 所示。

图 8-1-2 东侧脚手架局部坍塌

第八章 事故案例分析

图 8-1-3 外脚手架钢管严重变形

二、事故分析

经调查，此次事故的直接原因有：

(1) 违规直接利用外脚手架作为模板支撑体系，且该支撑体系未增设加固立杆，也没有与已经完成施工的建筑结构形成有效的拉结；

(2) 天面构架混凝土施工工序不当，未按要求先浇筑结构柱，待其强度达到 75% 及以上后再浇筑屋面构架及挂板混凝土，且未设置防止天面构架模板支撑侧翻的可靠拉撑措施；

(3) 涉事施工企业安全生产主体责任严重缺失，违法违规建设经营，施工管理混乱；监理单位严重违反《安全生产法》和《建筑法》有关规定，工作形同虚设、制度不落实，弄虚作假，聘请无证人员实施监理工作；工程设计存在缺陷，审图不到位；行业监管部门监管缺失；建设单位对施工单位、监理单位的督促管理缺失。

三、防范措施

（1）支模架及悬挑挂板模板工程验收程序不应流于形式，施工前进行安全技术交底，明确施工步骤；

（2）按图纸计算屋面构架及悬挑挂板模板支撑高度距离地面超过 16.3m，属于超过一定规模的危大工程，按要求编制安全专项施工方案并组织专家论证；

（3）施工企业应落实各项安全检查制度，并经常进行不定期的、随机的检查，及时发现问题和事故隐患，要按照"三定"原则进行及时整改，并进行复查。

第二节　挖孔桩作业架坍塌事故

一、事故简介

2017 年 5 月 3 日 14 时 44 分左右，某市新区××项目发生一起脚手架坍塌造成 3 人死亡、5 人受伤的较大事故。直接经济损失 295 万元。

2017 年 5 月 2 日，某项目专职安全员在现场巡视中发现该人工挖孔抗滑桩存在安全隐患后，对施工班组下达了隐患整改通知单，内容为"架体存在搭设不规范：（1）无抛撑和剪刀撑；（2）无外挂网、平底网；（3）无缆风绳；（4）须停工整改。"施工劳务承包人拒绝签收，施工班组继续作业。安全员将此情况反映给项目部技术负责人。

5 月 3 日，项目部技术负责人打电话安排安全员去找另外的施工班组处理发现的隐患。14 时左右，安全员带了几名架子工去准备整改隐患需要的材料。此时该工作面的脚手架仍未消除安全隐患，施工班组仍未按指令停工，继续作业。

14 时 44 分左右，该脚手架上有 6 名作业人员，2 人在

14m 高处，1人在 12m 高处，3人在 10m 高处；地面有 2 名作业人员在递送钢筋。由于钢筋笼倚靠、起重滑车斜拉、作业人员晃动等因素作用下，脚手架失稳，向南倾倒。在脚手架倒下的过程中，推倒 2 件钢筋笼一起坍塌。脚手架重约 6t，每件钢筋笼重约 10t。在高处坠落和物体打击综合作用下，导致班组作业人员 3 人死亡、5 人受伤。

二、事故原因

（一）直接原因

（1）违反现行《建筑施工扣件式钢管脚手架安全技术规范》(JGJ 130) 强制性条文规定，未安排专业架子工搭设脚手架。跨距严重超标（达 3.6m）；未设扫地杆；未设拉结点。扣件未经检查挑选，采用有裂缝的劣质扣件，且扣件螺栓未拧紧；

（2）违反现行《建筑施工扣件式钢管脚手架安全技术规范》(JGJ 130) 强制性条文规定，在脚手架上悬挂起重滑车吊装钢筋。

（3）违反现行《建筑施工扣件式钢管脚手架安全技术规范》(JGJ 130) 规定，当脚手架高宽比大于 2 时，未设钢丝绳张拉固定措施，未设纵横向垂直剪刀撑、水平剪刀撑；未设垫板；未铺设脚手板；未设防护措施。

（4）抗滑桩钢筋笼高度达 19m 未采取临时固定措施。在箍筋绑扎到 10m 时盲目地将主筋接长至 19m，使钢筋笼产生较大自由摆动，倚靠在脚手架上。

（5）抗滑桩人工挖孔深度达到 19m，悬臂部分高度超过 19m，专项施工方案未按规定经公司技术负责人审批，未组织专家对危险性较大的分部分项工程专项施工方案进行论证、审查。

（6）在项目部安全员下达的隐患整改通知单后，劳务承包人拒绝签收，违章指挥作业班组在存在大量安全隐患的条件下施工作业，导致隐患未及时整改。

（二）间接原因

（1）施工方将边坡支护工程违法分包给不具备施工劳务资质的劳务承包人，劳务承包人又将劳务作业进行了两次违法分包。

（2）施工方未按规定组织技术负责人审批专项施工方案，未组织专家对危险性较大的分部分项工程专项施工方案进行论证、审查。

（3）施工方现场安全管理混乱，安全培训教育流于形式。对施工过程中违章指挥、冒险作业、拒绝停工整改等行为无有效管理措施，隐患未能及时消除而长期存在，导致发生事故。

三、事故处理

（一）事故责任单位处理建议

对施工单位给予行政处罚。

（二）事故责任人处理建议

（1）对施工单位项目副经理、劳务承包人移送司法机关立案查处。

（2）对施工单位项目经理、技术负责人给予行政处罚。

（3）对监督单位相关负责人给予行政问责。

第三节　模板支撑架坍塌较大事故

一、事故简介

5月23日12时10分左右，9名工人在某县某花园第4栋（以下称涉事建筑）顶层（第20层）天面浇筑"花架"（构架）

混凝土作业时，花架模板发生倾覆向外坍塌，造成 8 人死亡，1 人轻伤，直接经济损失 1068 万元。事故现场如图 8-3-1～图 8-3-3 所示。

图 8-3-1　涉事建筑外观

图 8-3-2　花架柱子模板外倾覆

图 8-3-3　泵管和倒塌的花架柱子模板

二、事故分析

现场勘查：涉事建筑第 20 层楼顶天面装饰花架（屋面结构架）和模板向建筑外侧倾倒；预拌混凝土泵管排出方向与倾倒方向一致；泵管支座底部水平固定的 2 条方木为折断状态。花架高度 67.8m，花架结构高 3m，柱距 5m，梁板宽 1m、厚 0.2m。技术原因分析如下。

（1）花架梁板模板支撑采用木立柱支撑，没有设置纵横向水平拉结构造稳定措施，木立柱存在偏心受力工况，稳定性差；

（2）泵送混凝土立管安装不牢固，混凝土泵机作业时，泵管晃动产生水平推力，触动木支撑架；

（3）装饰花架（屋面构架）上混凝土浇筑作业人员多，施工动荷载较大。

综合分析：在施工荷载作用下，致使本身处于不稳固状态下的模板支撑体系（木支撑架）向外倾覆，造成花架上面的作业人员坠落的伤亡事故。

此外，涉事企业违规违法建设经营、安全生产主体责任不落实，属地监管失职，相关行业监管部门失职。

三、事故处理

因违法经营、无施工资质、涉嫌毁灭证据等多项问题，6人被逮捕、17名公职人员被追究刑责。

第四节　浇筑混凝土导致架体坍塌事故

2020年1月5日15时30分左右，某生态休闲旅游开发项目一期二标段发生一起较大坍塌事故，造成6人死亡，6人受伤。事故直接经济损失为1115万元。

一、事故简介

2020年1月4日晚，施工单位项目负责人赵某、技术负责人陈某某、施工员漆某三人商量饮食中心门楼混凝土浇筑有关事宜。当晚，赵某联系建筑劳务有限公司泥工班负责人徐某某，问其是否有时间安排人员进行混凝土浇筑作业，徐某某告知赵某第二天（1月5日）可以安排。随后，漆某联系了混凝土有限公司销售张某某协商第二天的混凝土运送事宜，陈某某联系湖北强国建筑劳务有限公司木工班，要求其安排2名木工第二天到浇筑现场进行模板加固。

1月5日8时左右，建筑劳务有限公司泥工班9人来到施工现场，1人负责在混凝土泵车上放料，其余8人负责在屋面进行浇筑混凝土。木工班两人在下方架体内观察混凝土浇筑时架体的状态，并处置异常情况。

1月5日10时左右，完成KZ1框架柱的浇筑。10时30分，完成KZ3框架柱的浇筑。

12时左右，完成A作业面浇筑。12时30分左右吃完午饭后，接着浇筑门楼四周大梁。

14时50分左右，开始对B、C、D作业面进行浇筑，如

图 8-4-1 所示,此时合计浇筑了超过 160m³ 混凝土(总浇筑量为 180m³)。

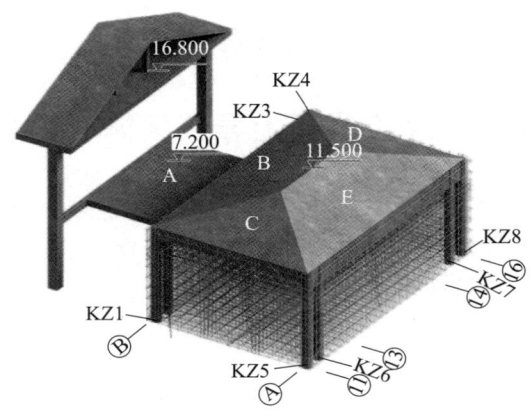

图 8-4-1　涉事门楼建筑 BIM 图形

15 时 30 分左右,在浇筑 E 作业面过程中,门楼中间部位(B 作业面)突然塌陷,随即整个门楼全部垮塌,造成 12 名施工人员被困。

事故发生后,现场人员立即拨打 110、120、119 等急救电话,事故发生后现场如图 8-4-2 所示。

图 8-4-2　救援结束后事故现场

二、事故原因

（一）直接原因

事故调查组依据法律、法规和规定，通过调查取证和综合分析，认定造成事故的原因如下：

（1）门楼高大模板支撑体系架体未按照施工方案要求进行搭设，16 轴线处 400mm×1200mm 梁支架沿梁跨度方向扫地杆、第一步水平杆缺失，使得水平杆步距超过方案设计步距的两倍以上，致使梁支架的稳定性不满足设计承载要求，且门楼高大模板支撑体系在搭设完毕后未按要求进行验收。

（2）现场在进行浇筑时，违反专项施工方案中采用对称浇筑的要求，对门楼坡屋面采用不对称浇筑，实际产生的附加弯矩增加了 B 轴线处 400mm×2560mm 梁支架立杆承受的压力，导致该处梁支架稳定性不满足设计承载要求。现场浇筑完竖向结构（KZ1 和 KZ3 两根框架柱）后，未按照方案中"竖向结构强度达到 50% 以后，再浇水平构件"的要求，随即开始梁板浇筑，由于竖向结构强度不够，B 轴线处 400mm×2560mm 梁钢筋随支架变形下挠，将框架柱拉倒，增加了事故的规模和惨烈程度。

（3）经对现场高大模板支撑体系架体材料（钢管、扣件、可调顶托）进行取样，并送检，发现部分材料不合格，导致架体承载力及稳定性低于专项方案的设计预期。上述原因叠加，导致事故发生。

（二）间接原因

（1）企业安全生产主体责任不落实；

（2）属地及行业管理部门安全监管责任履行不到位。

第五节　作业架搭设坍塌事故

2017年8月某日，某地一外墙维修改造工程在搭设脚手架时发生架体坍塌事故，造成3人重伤。

一、事故简介

该脚手架为临街搭设的施工作业架兼安全通道防护棚脚手架，长51.35m，横距3.7m，脚手架高度为6m，防护栏杆距地面4.5m，铺设木胶板层大横杆距地面3.8m，步距1.9m，跨距从2m到4.7m不等。事故发生当天，项目现场负责人组织3名普工继续进行脚手架搭设，其中2人站在脚手架上面施工，1人在地面递送钢管，突然一侧所搭设的脚手架发生倾斜并向外坍塌，将1名路经行人及2名作业人员压在了坍塌的脚手架下面，1名作业人员也从脚手架上摔了下来，导致3人重伤，事故直接经济损失100万元。事故发生后现场如图8-5-1所示。

图8-5-1　事故发生后现场

二、事故分析

（一）直接原因

现场施工人员违章操作，未按照相关规定和要求搭设脚手架，施工前未对结构构件、立杆地基及其承载力、平衡稳定性进行设计计算，致使搭设的脚手架跨距、步距、横向斜撑、剪刀撑及其连墙件、固定件、架体结构等不符合安全技术规范要求，稳定性和承载力不足，导致上人加载后脚手架失稳坍塌，砸中路经行人和施工人员。

（二）间接原因

（1）在脚手架搭设施工前，未按要求编制脚手架安全专项施工方案，未按规定在脚手架搭设达到一定高度后以及在上人加载之前组织对脚手架进行检查验收。

（2）3名作业人员无证上岗，未按安全技术规范要求施工，随意搭设脚手架，违章作业；现场施工负责人组织无证人员从事脚手架搭设作业，违章指挥。

（3）未按规定对作业人员进行三级安全教育培训和安全技术交底。

（4）安全检查不到位，对存在的安全隐患没有及时发现和处理。据调查组经现场勘验查实：该脚手架未按规范设置剪刀撑、横撑、抛撑；未按规范要求设置扫地杆；未设置连墙拉结；架体步距、跨距过大随意违规设置；局部大横杆设置不连续；个别钢管扭曲变形；施工吊篮安全绳绑扎固定在脚手架架体上；未按规范张挂密目网。

（5）搭设脚手架现场未设置警戒区，未安排人员警戒，致使行人进入施工区域而受到伤害。

（6）项目部项目经理、技术负责人、安全员不到岗位履行职责，现场安全管理失控。

三、防范措施

（1）脚手架搭设前必须由专业技术人员编制专项施工方案，并经审核、批准后，方可组织施工。搭设中应严格按照专项施工方案进行，严禁擅自修改施工方案或凭经验不按方案进行搭设。

（2）脚手架搭设作业人员必须持证上岗，禁止未取得架子工特种作业操作资格证书的人员从事脚手架搭设作业。

（3）脚手架搭设前，施工单位现场管理人员应当向作业人员进行安全技术交底，告知脚手架工程的搭设和构造要求、检查验收标准、施工过程的危险部位、应采取的具体预防措施、作业中应注意的安全事项、遵守的安全操作规程、发现事故隐患应采取的措施以及避险和救援措施等。

（4）严格执行施工验收有关规定，在脚手架搭设达到一定高度后以及在上人加载之前，应组织人员对脚手架进行检查验收，确认合格后才能进行下道工序施工或使用。

（5）脚手架搭设作业区域应设立警戒区，拉好警戒围栏，并派专人进行警戒，防止无关人员、车辆等进入坠落区域。

（6）加强安全生产培训教育，凡是进入施工现场的人员都必须经过安全法律、法规、安全生产知识、安全操作技能的培训教育，考核合格后方可上岗作业。

（7）强化项目经理、技术负责人、安全员、施工员和班组长等各级人员的安全职责，加强隐患排查治理，杜绝违章指挥、违章作业和违反工作纪律的"三违"现象，严格落实安全生产、文明施工的各项规定。

第六节　脚手架拆除倒塌事故

2019年4月某日，某地一新建厂房工程在拆除外脚手架时发生架体倒塌事故,造成 3 人死亡,10 人受伤。

一、事故简介

该外架为落地式双排扣件式钢管脚手架,事故发生前,工程已完成外墙装饰施工,正在拆除外架,有 13 名工人在架体上作业。拆除作业从架体顶部开始,工人将拆除的钢管、扣件及脚手板堆放在架体上,待塔吊运送至地面。当脚手架拆除 2~3 步距时,架体开始发生局部变形失稳,然后自上而下、从西往东整体迅速坍塌,13 名工人随坍塌架体坠落,导致 1 人当场死亡,2 人送医院抢救无效死亡,3 人重伤,7 人轻伤。

二、事故分析

(一)直接原因

(1)外脚手架在拆除前连墙件数量严重不足,拉结方式不符合专项施工方案要求。

(2)外脚手架搭设使用了不合格扣件。

(3)在架体拆除过程中,施工作业人员违规将拆除的钢管、扣件及脚手板堆放于架体上增加荷载,导致架体失稳坍塌。

(二)间接原因

(1)项目部未按规定对外架拆除作业人员进行三级安全教育培训和安全技术交底。

(2)违规使用未经抽样送检合格的钢管、扣件等材料。

(3)拆除作业人员无证上岗作业。

(4)施工现场安全管理不到位,未能及时发现和处理脚手架连墙件拉结方式、数量不符合专项施工方案要求等安全隐患。

(三)防范措施

(1)脚手架搭设和拆除工作必须由持证上岗的架子工承

担，未接受专门安全操作知识培训，并经考核合格取得架子工特种作业操作资格证书的人员，禁止从事脚手架搭设和拆除作业。

（2）脚手架拆除前，施工单位现场管理人员应当向作业人员进行安全技术交底，并履行交底签字手续。

（3）脚手架拆除作业前，应对架体进行全面检查，检查扣件连接、连墙件设置、支撑体系等是否符合构造要求，不符合的应当补齐加固后方可进行拆除作业。

（4）脚手架拆除作业时，连墙件、剪刀撑或横向斜撑应当随拆除进度与其他杆件一起拆除，不能整层或数层拆除后再拆架体。

（5）拆除过程中，拆除的钢管、扣件及脚手板等应当及时转运到地面。

（6）加强对钢管、扣件等构配件的质量控制，严格脚手架构配件进场验收程序，杜绝不合格品进入施工现场。

（7）强化施工现场安全管理，严格三级安全教育培训制度，加强对拆除作业的现场监督，及时纠正违章作业行为。

第七节　脚手架事故发生特点及规律

模板支撑系统坍塌事故大多发生在混凝土浇筑阶段。由于混凝土浇筑过程中会有相当数量的施工人员在浇筑面上作业，模板支撑结构倒塌事故发生前没有明显征兆，突发性较强，且支架变形倒塌迅速，作业人员往往无法及时逃生，所以一旦发生模板支架系统坍塌，往往都是群死群伤，社会影响相当恶劣的事故。

模板支架结构作为一种临时支架结构，它的受力和工作状况受许多变化因素的影响。高支撑结构坍塌事故表明，这种结构安全稳定的关键在于支撑脚手架是否稳固。从模板支架坍塌事故中不难发现,由于目前国内超过70%模板支架结构采用扣件式支撑结构,同时,扣件式支撑结构受人为因素影响非常大,因此扣件式钢管高支撑结构坍塌事故在模板工程及脚手架坍塌事故中所占的比例最大,应该予以更高的关注。

参考文献

[1] 中华人民共和国人力资源和社会保障部.中华人民共和国职业分类大典:人社部发〔2015〕76号[Z].

[2] 中华人民共和国国务院.建设工程安全生产管理条例:中华人民共和国国务院令393号[Z].

[3] 中华人民共和国住房和城乡建设部.危险性较大的分部分项工程安全管理规定:中华人民共和国住房和城乡建设部令第37号[Z].

[4] 中华人民共和国住房和城乡建设部.关于印发《建筑施工特种作业人员管理规定》的通知:建质〔2008〕75号[Z].

[5] 中华人民共和国住房和城乡建设部.住房城乡建设部办公厅关于《实施危险性较大的分部分项工程安全管理规定》有关问题的通知:建办质〔2018〕31号[Z].

[6] 中华人民共和国国家质量监督检验检疫总局,中国国家标准化管理委员会.安全网:GB 5725—2009[S].北京:中国标准出版社,2009.

[7] 中华人民共和国国家市场监督管理总局,中国国家标准化管理委员会.钢管脚手架扣件:GB 15831—2023[S].北京:中国标准出版社,2023.

[8] 中华人民共和国国家质量监督检验检疫总局,中国国家标准化管理委员会.碗扣式钢管脚手架构件:GB 24911—2010[S].北京:中国标准出版社,2011.

[9] 中华人民共和国住房和城乡建设部.租赁模板脚手架维修保养技术规范:GB 50829—2013[S].北京:中国计划出版社,2013.

[10] 中华人民共和国住房和城乡建设部.施工脚手架通用规范:GB 55023—2022[S].北京:中国建筑工业出版社,2022.

[11] 中华人民共和国国家市场监督管理总局,中国国家标准化管理

[12] 委员会．起重机 钢丝绳 保养、维护、检验和报废：GB/T 5972—2023［S］．北京：中国标准出版社，2023．

[12] 中华人民共和国建设部．施工现场临时用电安全技术规范：JGJ 46—2005［S］．北京：中国建筑工业出版社，2005．

[13] 中华人民共和国住房和城乡建设部．建筑施工安全检查标准：JGJ 59—2011［S］．北京：中国建筑工业出版社，2012．

[14] 中华人民共和国住房和城乡建设部．建筑施工高处作业安全技术规范：JGJ 80—2016［S］．北京：中国建筑工业出版社，2016．

[15] 中华人民共和国住房和城乡建设部．建筑施工门式钢管脚手架安全技术标准：JGJ/T 128—2019［S］．北京：中国建筑工业出版社，2019．

[16] 中华人民共和国住房和城乡建设部．建筑施工扣件式钢管脚手架安全技术规范：JGJ 130—2011［S］．北京：中国建筑工业出版社，2011．

[17] 中华人民共和国住房和城乡建设部．建筑施工模板安全技术规范：JGJ 162—2008［S］．北京：中国建筑工业出版社，2008．

[18] 中华人民共和国住房和城乡建设部．建筑施工碗扣式钢管脚手架安全技术规范：JGJ 166—2016［S］．北京：中国建筑工业出版社，2017．

[19] 中华人民共和国住房和城乡建设部．组合铝合金模板工程技术规程：JGJ 386—2016［S］．北京：中国建筑工业出版社，2016．

[20] 中华人民共和国住房和城乡建设部．建筑施工承插型盘扣式钢管脚手架安全技术标准：JGJ/T 231—2021［S］．北京：中国建筑工业出版社，2012．

[21] 中华人民共和国住房和城乡建设部．承插型盘扣式钢管支架构件：JG/T 503—2016［S］．北京：中国标准出版社，2017．

[22] 李继业，蔺菊玲．建筑架子工［M］．北京：中国建材工业出版社，2019．

[23] 河南省建设安全监督站．普通脚手架架子工［M］．北京：中国建筑工业出版社，2019．

[24] 杨正凯，张暄．普通脚手架架子工［M］．北京：中国建筑工业出版社，2020．